TOOL
ツール活用シリーズ

オールバンド・パソコン電波実験室

HDSDR&
SDR#

500k～1.7GHzをダイレクト受信&リアルタイム解析

鈴木憲次 著
Kenji Suzuki

CQ出版社

はじめに

もし私が受信機を1台だけ持つとしたら，長波(LF)から極超短波(UHF)までの広い周波数が受信でき，AMやFMなどの変調波のすべてに対応し，さらに微弱な信号をとらえるために高感度であること，という条件になります．これらの機能を備えている受信機が，広帯域受信機です．

古くからあるハードウェアのみで構成される広帯域受信機では，それぞれの周波数帯に対応した高周波回路と，AMやFMなどの変調波に対応できる復調回路でできており，高周波回路や復調回路は，増幅素子やLC共振回路などで構成されます．

それに対して現在急速に広まっているのは，電子回路と演算機能を組みあわせたソフトウェア・ラジオ(SDR：Software Defined Radio)による広帯域受信機です．受信機の多くの機能が，演算処理用チップとソフトウェアに置き換わっているので，性能はそのままでもコンパクトで安価です．

本書で扱うソフトウェア・ラジオは，広帯域受信用USBドングルとパソコンを組みあわせた広帯域受信機です．受信信号の流れは，アンテナ→広帯域受信用USBドングル→パソコンの順になり，受信用USBドングルはパソコンにインストールしたフリーの受信用ソフトウェアで動作します．

メインになる広帯域受信用USBドングルには，「ワンセグ・チューナ用ドングル」と「広帯域受信専用ドングル」の2種類を，受信用ソフトウェアとしてフリーソフトの「SDR#」と「HDSDR」を取りあげています．

本書では，次のような手順で進めていきます．

第1章では，ソフトウェア・ラジオの準備編として簡易型のアンテナと広帯域受信用USBドングルを取りあげ，さらに直交復調方式の原理を説明します．

第2章では，ソフトウェア・ラジオの動作に必要なアプリケーションソフトがパソコンにインストールされていることを確認し，広帯域受信用USBドングルを認識させるドライバーソフトをダウンロードしてインストールします．

以上で基本的な環境が整え，第3〜4章でソフトウェア・ラジオの本体になるソフトウェアをパソコンにインストールします．

第3章では，SDR#をインストールして使い方を，第4章ではHDSDRインストールして使い方を説明します．どちらのソフトウェアの使い方も複雑なので，さしあたって必要な使い方のBASIC編と，上級思考の使い方のAdvance編にわけて説明しました．

第5章では気象衛星NOAA受信，第6章ではアンテナなどの周辺機器，第7章では釣りざおアンテナ，という内容で進めます．

それではUSBドングルとパソコン＋広帯域受信用ソフトウェアからなるソフトウェア・ラジオで，中波帯(MF)から極超短波帯(UHF)の電波の世界をのぞいてみることにしましょう．

2020年1月　筆者

目次

CD-ROM収録ソフト

HDSDR(Version 2.76a)
　HDSDR_install.exe，ExtIO_RTL2832.dll
SDR#(x86 rev 1732)
　sdrsharp-x86.zip

　HDSDR，SDR#ともに，ZadigでSDR用ドライバをインストールしてから，起動させてください(p.24参照)．
　HDSDRは，HDSDR_install.exeをダブルクリックするとインストールを開始します．インストール後，インストール・フォルダにExtIO_RTL2832.dllをコピーしてから起動してください．
　SDR#は，sdrsharp-x86.zipを展開後，install-rtlsdr.batをダブルクリックするとインストールが開始します．インターネット接続環境下でインストールしてください．
　気象衛星NOAA受信用ソフトウェアWXtoImgは，インターネットからダウンロードします．解説ページをご覧ください．

■Special Thanks
Youssef Touil(SDR#，airspy.com)　　　　Mario Taeubel(HDSDR，DG0JBJ)
https://airspy.com/download/　　　　　　http://www.hdsdr.de/index.html
※最新版は，各URLからダウンロードできます．

第0章
本書を上手に活用するために

パソコンでソフトウェア・ラジオを始めるための作業の流れと，各章のおもな概要をまとめました．

本書で解説するソフトウェア・ラジオは以下のような構成になっています（**図0-1**）．

第1章　広帯域受信システムの準備

パソコンのほかに，広帯域受信用USBドングル（**写真0-1**）とアンテナが必要です．パソコン用ソフトウェアは付属CD-ROMからインストールします．USBドングルに付属する地デジ用アンテナを利用してシンプルなアンテナを作ってみます．第6章と第7章ではさらにもっとよく受信するためのアンテナを作ってみます．

ドライバ（**第2章**）

ソフトウェア・ラジオ用ソフトウェア（**第3章**，**第4章**）

＋アンテナ（**第6章**，**第7章**）＋デュプレクサ（**第8章**）

広帯域受信用
USBドングル（**第1章**）

図0-1　本書で解説しているソフトウェア・ラジオの構成

**写真0-1　広帯域受信用USB
ドングルRTL-SDR.COMの
外観**

第2章　ドライバのインストール

　ドライバは，広帯域受信用USBドングルをパソコンに認識させるために必要です．付属CD-ROMからインストールします（**図0-2**）．

第3章　広帯域受信用ソフトウェア**SDR#**

　ソフトウェア・ラジオ用ソフトウェア「SDR#（SDR Sharp）」のインストール方法と使い方を解説します（**図0-3**）．

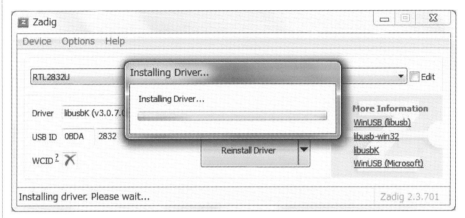

図0-2　ドライバのインストール

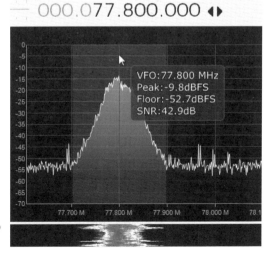

図0-3　SDR#の
受信画面

第4章　広帯域受信用ソフトウェア**HDSDR**

　ソフトウェア・ラジオ用ソフトウェア「HDSDR」のインストール方法と使い方を紹介します(図0-4).

　つまりパソコンを広帯域受信機にするソフトウェアとして第3章の「SDR#」か,第4章の「HDSDR」を選ぶことができます.もちろん両方インストールすることもできます.

　「SDR#」,「HDSDR」どちらも,第2章で紹介しているドライバをかならずインストールしなくてはなりません.ドライバは共用できるので,ドライバのインストールは一回です.

●SDR#だけを使う場合

　第2章 ドライバのインストール + 第3章 広帯域受信用ソフトウェアSDR#

●HDSDRだけを使う場合

　第2章 ドライバのインストール + 第4章 広帯域受信用ソフトウェアHDSDR

　※解説の対象OSは,Windows 7,Windows 8,Windows 10とします.

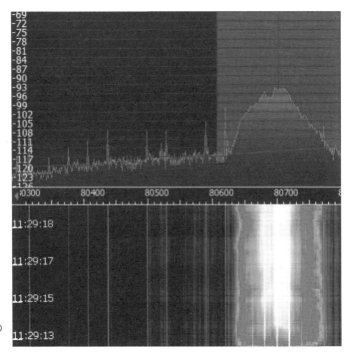

図0-4　HDSDRの
受信画面

第5章　ソフトウェア・ラジオで気象衛星NOAAの電波を受信してみよう

　気象衛星NOAAの電波を受信して衛星から見た地球の画像（**図0-5**）を取り出してみます.

　ソフトウェア・ラジオの感度をもっとよくするために，第6章と第7章ではアンテナの製作方法を紹介します（**写真0-2**，**写真0-3**）.

第6章　マグネチック・ループ・アンテナの製作

第7章　フェライト・バー・ループ・アンテナの製作

図0-5　気象衛星NOAAを受信した例

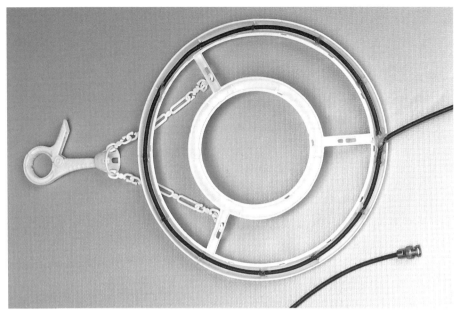

写真0-2 100円ショップで購入した洗濯ハンガーを利用して作ったマグネチック・ループ・アンテナ

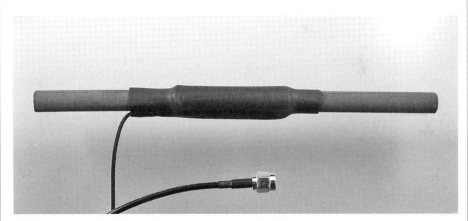

写真0-3 小型で高感度なフェライトバー・アンテナの製作例

第8章　デュプレクサの製作

　2つのアンテナを1本にまとめる機器デュプレクサを製作します（**写真0-4**）．これを使うと，第6章と第7章で作ったアンテナを1本のケーブルにまとめることができます．

　以上，本書の解説をよく読んで自分のパソコンをソフトウェア・ラジオに変身させていろいろな電波を受信してみましょう．

写真0-4　完成したデュプレクサ

第1章
広帯域受信システムの準備

元々はパソコンで地デジを受信するために作られた製品がドライバを変更することでソフトウェア・ラジオとして機能します．パソコンを使ったソフトウェア・ラジオに欠かせない広帯域受信用USBドングルの詳細と，この製品に付属している地デジ受信用アンテナをこの広帯域受信用に改良します．

ソフトウェア・ラジオ(SDR：Software Defined Radio)とは，受信機に必要な復調回路や周波数フィルタ回路をソフトウェアで処理するラジオです．

例えば検波回路を例にすると，トランジスタ，ダイオード，抵抗などを使った電子回路で構成したラジオでは，受信しようとする電波の変調方式がAM波ならAM検波回路，FM波ならFM検波回路というように別々の検波回路が必要でした．

ソフトウェア・ラジオでは，検波回路をDSP(digital signal processor)による演算処理に置きかえて受信した信号を処理します．

それではソフトウェア・ラジオの広帯域受信機のしくみにふれながら，システムに必要な機器やパーツを紹介していきます．

広帯域受信機のしくみ

● 受信できる電波と必要なシステム

図1-1は，一般的な広帯域受信機で受信可能な周波数帯と通信用途の概要です．代表的な地デジ用USBドングルを使ったソフトウェア・ラジオの受信周波数はおよそ24M～1700MHzです．この範囲では業務無線，アマチュア無線，そして気象衛星NOAAなどの電波を受信できます．なおダイレクト・サンプリング・モードに対応したUSBドングルを使うと，もっと低い周波数500k～24MHzもカバーできます．つまり，中波(MF)～極超短波(UHF)帯の広帯域受信機になります．

ダイレクト・サンプリング・モードは，RTL-SDR.COMというソフトウェア・ラジオ専用のUSBドングルが対応しています．

図1-2は，広帯域受信用USBドングル＋パソコンで構成した広帯域受信機のシステムで

周波数 300kHz		3MHz		30MHz		300MHz		3GHz
中波（MF）		短波（HF）		超短波（VHF）		極超短波（UHF）		

中波ラジオ放送　船舶・航空機用ビーコン　船舶通信　アマチュア無線　‖　船舶無線　航空無線　短波ラジオ放送　アマチュア無線　‖　アマチュア無線　FM放送　気象衛星NOAA　航空管制通信　業務無線（防災，消防，列車など）　‖　無線LAN　携帯電話　地デジテレビ放送　アマチュア無線

一般的な広帯域受信機の受信周波数は24M〜1700MHzで，いろいろな電波が受信できる．
USBドングルがRTL-SDR.COMなら，ダイレクト・サンプリング・モードを使ってさらに
500k〜24MHzをカバーすることができる

図1-1　広帯域受信機で受信可能なおもな周波数帯と通信用途

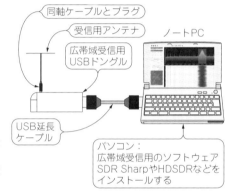

**図1-2
本書で紹介する広帯域
受信用USBドングル＋
パソコンで構成した広
帯域受信機のシステム**

す．受信用アンテナと広帯域受信用USBドングル，USBドングルを制御して変調波を復
調する広帯域受信用USBドングル用ドライバ，ソフトウェア・ラジオ用ソフトウェアを
インストールしたパソコン，それぞれを接続するケーブルやコネクタ類です．

　本書では，代表的なソフトウェア・ラジオ用のソフトウェアとしてSDR#とHDSDRを
紹介します．読者の皆さんは，本書の解説を読んで気に入ったソフトウェアをインストー
ルして使うと良いでしょう．

● 広帯域受信用USBドングルの種類と特徴

　これらの受信用USBドングルは，元々はワンセグTV受信用のUSBドングルですが，
パソコンにインストールするドライバを変更するとソフトウェア・ラジオに使えるという

ことを見つけた人が，ソフトウェア・ラジオ用のドライバをだれもが無料で使えるように
インターネット上で公開したことによって，パソコンとワンセグTV受信用のUSBドングルの組み合わせでソフトウェア・ラジオを楽しむ人が急増しました．

　本書では，その方法で構成するソフトウェア・ラジオを紹介します．さらに最近は，広帯域受信専用に特化した，ソフトウェア・ラジオ専用のドングルも開発／販売されるようになりました．

　ソフトウェア・ラジオを始めるには，まずこのUSBドングルを入手しなくてはなりません．本書で紹介するのは，USBドングルの中に使われているICチップの組み合わせが次のものになります．チューナ用ICチップがR820T，e4000，fc0012，fc0013，fc2580で，復調用ICチップにRTL2832Uを使った製品です．

　ここでは広帯域受信用にできるUSBドングルのうち比較的容易に入手可能な機種を3つ取り上げ，それぞれの特徴と使用上の注意点について解説します．

(1) DS-DT305

　ワンセグ・チューナ用のドングルとして販売されているDS-DT305は，**写真1-1**(a)のように外部アンテナ(ワンセグ用)と外部アンテナ接続用のMCX-F型プラグ付き変換ケーブルが付属しています．

　DS-DT305の内部は**写真1-1**(b)のようになっていて，チューナ用チップはfc0012，復調用チップがRTL2832Uです．製品によりチューナ用チップがfc0013のものもあります．

　なお長時間使用するとICチップの発熱によって受信感度が低下することがあるので，

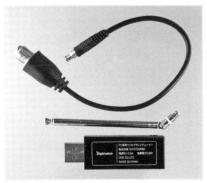
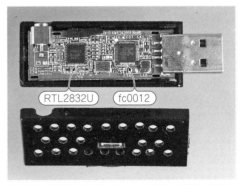

(a) 外部アンテナと外部アンテナ接続用のMCX-F型プラグ付き変換ケーブルが付属している．ただし外部アンテナは地デジ用

(b) DS-DT305の内部．チューナ用チップはfc0012，復調用チップはRTL2832Uを使用している．放熱対策としてケースに空気穴を開けた例

写真1-1　ソフトウェア・ラジオに使えるワンセグ・チューナ用のドングルDS-DT305

放熱対策としてケースに穴を開けています.

　DS-DT305の受信周波数は仕様書によると50M～1000MHzとなっています. 入手した
ドングルを測定したところ, 中心周波数に対して−6dB減衰する周波数範囲は50～940
MHzでした.

(2) DVB-T + DAB + FM

　DVB-T + DAB + FMはワンセグ用チューナにFM受信機能が追加されたドングルで
す. 入手した製品は, **写真1-2(a)**のようにリモコンと外部アンテナが付属しておりアン
テナ入力端子はMCX型プラグです. 市販品の中にはリモコンと外部アンテナが付属して
いない製品や, 高安定度の水晶発振器に変更した製品もあります.

　DVB-T + DAB + FMの内部のようすを**写真1-2(b)**に示します. チューナ用チップは
RT802Tで復調用チップはRTL2832Uです.

　この製品は長時間使用するとチューナICチップが高温になるので, 放熱対策として,

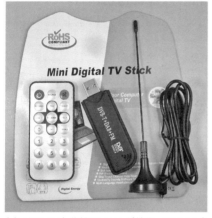

（a）リモコンと外部アンテナが付属. アンテナ入
　　力端子はMCX型. リモコンは地デジ, FMチ
　　ューナ動作時に利用可だがSDR利用時は使え
　　ない

（b）内部のようす. チューナ用チップは RT802T,
　　復調用チップがRTL2832Uを使用

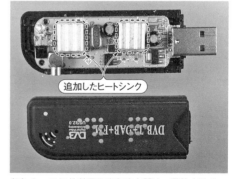

（c）ケースに放熱用の空気穴を開け, 発熱するチッ
　　プに小型アルミ製ヒートシンクを熱伝導両面テ
　　ープで貼り付けた例

写真1-2　ソフトウェア・ラジオに使えるワンセグ・チューナ用のドングルDVB-T + DAB + FM

写真1-2(c)のように放熱用の小型アルミ製ヒートシンク(11 × 11 × 5mm)を熱伝導両面テープで貼り付けました。このときヒートシンクが基板上の部品に触れて短絡することがないように、熱伝導両面テープのサイズをヒートシンクより大きめの12 × 12mm程度にします。カバーの片方にしか放熱用の空気穴がないので、もう片方にも穴を開けてあります。

仕様書によると、受信周波数は24M 〜 1700MHzです。実測では、24MHzで中心周波数に対して−3dBになりました。

(3) RTL-SDR.COM

RTL-SDR.COMは広帯域受信専用のドングルです。**写真1-3**(a)のように放熱対策としてアルミ・ケースを放熱に利用しているので、加工はしていません。チューナ用ICチップはRT820T2です(**写真1-3**(b))。また水晶発振器が温度補償タイプのTCXOになっていることから、周波数安定度は1PPMと抜群に良好です。特筆すべきは、無加工でダイレクト・サンプリング・モードが使える点です。これにより500k 〜 1700MHzをカバーすることができます。

なおダイレクト・サンプリング・モードのときには、**図1-3**のようにアンテナからの入力信号はチューナ用ICチップを飛ばして復調用チップに直接加わります。つまりアンテナ端子は1つで、ダイレクト・サンプリング・モードではアンテナ端子→復調用チップの順になり受信周波数が500k 〜 24MHzに、クワドラチャ・モード(IQ復調)ではアンテナ端子→チューナ用チップ→復調用チップの順で信号処理が行われて24M 〜 1700MHzを受信します。

またダイレクト・サンプリング・モード動作時は、利得10dBのローノイズ・アンプ

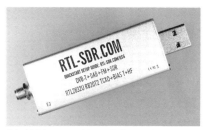

(a) 筐体はアルミ製で、放熱にも利用されている。そのままでも放熱効果が高いので放熱対策の加工は不要。アンテナ入力端子はSMA型

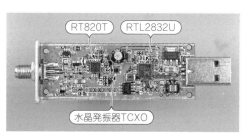

(b) チューナ用ICチップはRT820T2を使用。温度補償タイプの水晶発振器TCXOなので周波数安定度が高い

写真1-3 広帯域受信専用のドングルRTL-SDR.COM
ダイレクト・サンプリング・モードで500k 〜 24MHzを受信することができる

ドングル付属のアンテナをSDRで使えるように改良

地デジよりも低い周波数を良く受信できるように，このエレメントの代わりに

　購入したUSBドングルDVB-T＋DAB＋FMには，アンテナが付属していました．アンテナの基台に磁石が入っていて，金属性のものに磁力で固定できます．元々はワンセグとFM放送用のアンテナなので，短い波長用のエレメントが付いています．

　FM放送から430MHzのアマチュア無線をよく受信できるように，もっと長さのあるロッド・アンテナに付け替えてみました．使ったロッド・アンテナの長さは17 〜 98cm，取付部分が3mmのボルトになっているものです．

　基台とロッド・アンテナの接続は，長さ10mmでネジ穴が3mmのスペーサを使いました（**写真コラム1-1-1**）．作業手順は次のとおりです．

①ワンセグ・アンテナのエレメントを取り外します．反時計方向にエレメントを回すと取り外すことができます．基台とケーブルを残します．

②3mmのスペーサで基台にロッド・アンテナを接続します．**写真コラム1-1-2**のように，ワンセグ・アンテナの基台とロッド・アンテナを3mmのスペーサで接続します．

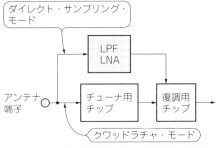

写真コラム1-1-1
USBドングルDVB-T＋DAB＋FMに付属していた地デジ用アンテナのエレメントをロッド・アンテナに変更した．金属製スペーサは，長さ10mmでネジ穴が3mmを使用した

図1-3
ダイレクト・サンプリング・モードの信号の流れ

ダイレクト・サンプリング・モード

アンテナ端子

LPF
LNA

チューナ用チップ

復調用チップ

クワッドラチャ・モード

ダイレクト・サンプリング・モードの信号の流れは，アンテナ端子→LPF・LNA→復調用チップになる

用意したワンセグ・アンテナのプラグはMCXプラグなので，DT-305とDVB-T＋
DAB＋FMにはそのまま接続できます．RTL-SDR.COMドングルのアンテナ端子は
SMAジャックなので，MCXジャック-SMAプラグ変換コネクタを使います．

　基台の底はマグネットになっていて，スチール製の本棚などに吸着させれば安定した
自立型アンテナになりますが，アンテナが長くなったぶん重心バランスが悪くなり吸着
力が不足気味になるので，取り付け場所によっては，倒れないように両面テープなどで
工夫して固定する必要があります．

　完成したアンテナは，**写真コラム1-1-3**です．1/4λ垂直接地型アンテナとして動作し，
76MHzのFM放送帯から430MHzのアマチュア無線帯までをカバーできます．

写真コラム1-1-2　ロッド・アンテナとマグネット基台の接続のようす

写真コラム1-1-3　完成したFM ～ 430MHz用アンテナ

表1-1　本書で紹介した広帯域受信用ドングルの仕様

USBドングルの機種名	受信周波数：製品の仕様値 〃　　　：測定値		チューナ用チップ	アンテナ端子	内蔵水晶発振器	備　考
DT-305	50M~1000MHz		fc0012	MCX （J：ジャック）	水晶振動子	–
	50M（−6dB）~940MHz（−6dB）					
DVB-T＋DAB＋FM	24M~1700MHz		RT802T	MCX （J：ジャック）	水晶振動子	–
	24M（−3dB）~1500MHz（0dB）					
RTL-SDR.COM	24M~1700MHz		RT802T2	SMA （J：ジャック）	TCXO： 1PPM	アルミ・ケースにより放熱
	24M（−5dB）~1500MHz（0dB）					
ダイレクト・サンプリング・モード	500kHz~24MHz					

※測定値は，SSGの最高発振周波数の1500MHzまで

(LNA：low noise amplifier) と，イメージ信号を抑えるカットオフ周波数24MHzのローパス・フィルタ (LPF：low-pass filter) が動作して感度を維持するように工夫されています．

なおダイレクト・サンプリング・モードとクワドラチャ・モードの選択はパソコンにインストールしたソフトウェア・ラジオ用ソフトウェアで行います．

表1-1にドングル3機種の仕様をまとめました．どのUSBドングルを使ってもソフトウェア・ラジオにすることができます．好みにあったUSBドングルを選びましょう．

■ 簡易アンテナの製作

ソフトウェア・ラジオで電波を受信するためのアンテナを作ります．ソフトウェア・ラジオは低い周波数から高い周波数まで受信できるので，広帯域に対応した受信用アンテナを作ってみましょう．

最初にとても簡単な工作で製作できる中短波～FM放送帯のアンテナを製作してみます．

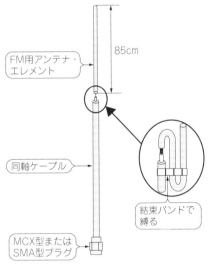

85cm

FM用アンテナ・エレメント

同軸ケーブル

結束バンドで縛る

MCX型またはSMA型プラグ

MCX型またはSMA型プラグ付き延長ケーブルを切り取り，アンテナ・エレメントになる絶縁被覆電線を接続する

（a）FM放送用アンテナは，85～90cmの絶縁被覆線を同軸ケーブルにはんだ付けする

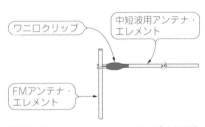

ワニロクリップ

中短波用アンテナ・エレメント

FMアンテナ・エレメント

FMアンテナ・エレメント＋クリップ付き絶縁被覆電線でエレメントを長くする

（b）中短波放送用アンテナは，FMアンテナの先にワニロクリップを付けた絶縁被覆線（長さ1～2m）を接続する

図1-4　FM放送用アンテナと中短波放送用アンテナ

● FM放送帯アンテナ（1/4波長の垂直アンテナ）を作る

図1-4(a)のように，MCX-F型またはSMA型プラグ付き同軸ケーブルのジャック（メス）側を切り取り，芯線と網線に絶縁被覆線を接続します．エレメントになる絶縁被覆線の長さを85〜90cmとします．これはFM放送帯の周波数に合わせています．

接続したら絶縁被覆線を折り返して結束バンドで縛り，はんだ付けした部分をテープで保護します．

Column（1-2）
ワンセグ用USBドングルの入手

本書で取り上げたドングルのうちDT-305とDVT-T＋DVB＋FMは販売店やネットで購入できます．しかしRTL-SDR.COMは国内で扱っているショップがあまり多くないので，海外のサイトのAmazon.comで購入しました．

図コラム1-2は，Amazon.comでRTL-SDRで検索をかけた販売サイトの一例です．この例ではUSAからの発送品ですが，価格の安いサイトは中国からの発送品もあります．他にもRTL-SDR＋アンテナ＋基台の製品も販売もあります（原稿執筆時）．

RTL-SDR.COM＋アンテナ製作のパーツセットを希望者に頒布します．詳しくはCQ出版のWebサイトにある頒布の案内をご覧ください．

図コラム1-2　ソフトウェア・ラジオ専用の広帯域受信用USBドングルの販売サイトの例（Amazon.com）

直交復調方式とは

　直交復調方式とはIQ復調方式ともいいます．従来の復調（検波）方式は，電波で送られてきた変調波を電子回路で復調して信号波にしていましたが，直交復調方式では変調波をソフトウェアによって演算処理で復調しています．

　図コラム1-3A(a) は，正弦波信号 $v = V_m \sin(2\pi ft + \theta)$ の波形です．ここで $t = 0$ のときのベクトルを**図コラム1-3A(b)** として，v と同相成分の I 信号（in-phase）V_I，直交成分 Q 信号（quadrature）V_Q の関係を求めてみます．

$$V_I = V_m \cos\theta$$
$$V_Q = V_m \sin\theta$$

なので，振幅 Vm と位相 θ は次のように求められます．

$$V_m = \sqrt{V_I^2 + V_Q^2}$$
$$\theta = \tan^{-1}\frac{V_Q}{V_I}$$

すなわち変調波から I 信号と Q 信号を取り出して演算処理すれば，振幅または位相（周波数）の信号波が得られます．

　図コラム1-3B は，実際の広帯域受信機の構成例です．動作の概要は，アンテナからの信号をLNA（low noise amplifier：低雑音アンプ）で増幅し，乗算器1と乗算器2とLPF（low pass filter：低域通過フィルタ）で，I 信号と Q 信号のベースバンド信号の V_{IL} と V_{QL} にします．そして V_{IL} と V_{QL} をA-D変換したデジタル信号を演算処理して信号

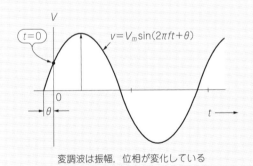

（a）正弦波信号 $v = V_m \sin(2\pi ft + \theta)$ の波

変調波は振幅，位相が変化している

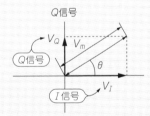

I 信号と Q 信号を演算すれば，振幅や位相を得ることができる

振幅：$V_m = \sqrt{V_I^2 + V_Q^2}$

位相：$\theta = \tan^{-1}\dfrac{V_Q}{V_I}$

（b）$v = V_m \sin(2\pi ft + \theta)$ で，$t = 0$ のときのベクトル

図コラム1-3A　直交復調方式（IQ復調方式）の波形

波を取り出します.

以上の過程を数式で表すと次のようになります．ここで，変調波を $v = V_m\sin(2\pi ft + \theta)$，乗算器1の局発信号を $2\sin2\pi f_{osc}t$，乗算器2の局発信号を $2\cos2\pi f_{osc}t$ として乗算器の出力を求めてみます．

乗算器1の出力を $V_I{}'$ とすると

$$V_I{}' = V_m\sin(2\pi ft + \theta)\,2\sin2\pi f_{osc}t$$
$$= V_m\cos(2\pi(f - f_{osc})t + \theta) - V_m\cos(2\pi(f + f_{osc})t + \theta)$$

乗算器2の出力を $V_Q{}'$ とすると

$$V_Q{}' = V_m\sin(2\pi ft + \theta)\,2\cos2\pi\ fosct$$
$$= V_m\sin(2\pi(f - f_{osc})t + \theta) - V_m\sin(2\pi(f + f_{osc})t + \theta)$$

$f + f_{osc}$ はLPFで取り除くので，LPFの出力 V_{IL} と V_{QL} はつぎのようになります．

$$V_{IL} = V_m\cos(2\pi(f - f_{osc})t + \theta)$$
$$V_{QL} = V_m\sin(2\pi(f - f_{osc})t + \theta)$$

LPF出力信号の V_{IL} と V_{Q1} をA/D変換（アナログ／デジタル変換）してデジタル信号にします．

V_{IL} と V_{QL} から，次のように振幅 V_m を求めることができます．

$$\sqrt{V_{IL}{}^2 + V_{QL}{}^2} = \sqrt{V_m{}^2\cos^2(2\pi(f - f_{osc})t + \theta) + V_m{}^2\sin^2(2\pi(f - f_{osc})t + \theta)}$$
$$= \sqrt{V_m{}^2(\cos^2(2\pi(f - f_{osc})t + \theta) + \sin^2(2\pi(f - f_{osc})t + \theta))} = \sqrt{V_m{}^2} = V_m$$

また位相 θ に関係する式を，次のように求めることができます．

$$\frac{V_{QL}}{V_{IL}} = \frac{V_m\sin(2\pi(f - f_{osc})t + \theta)}{V_m\cos(2\pi(f - f_{osc})t + \theta)} = \tan(2\pi(f - f_{osc})t + \theta)$$

以上のように，振幅 V_m と位相 θ に関係する式から，演算処理ソフトで振幅変調成分と位相変調成分を求めて復調信号とします．

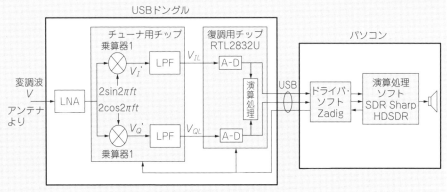

図コラム1-3B　本書で解説するソフトウェア・ラジオの構成例

● 中短波放送用アンテナ

中短波放送を受信するときには，**図1-4(b)**のようにワニ口クリップ付絶縁被覆線（長さ1～2mの）でアンテナ・エレメントを長くします．

● またはドングルの付属品で簡易アンテナに

広帯域受信用USBドングルがDS-DT305やDVB-T＋DAB＋FMなら，付属の外部アンテナにクリップ付絶縁被覆線を接続してFM，中短波用アンテナとして利用できます．

以上，ざっとお手軽に準備できそうな広帯域受信用のアンテナを紹介しました．これらが準備できたら，第2章のアプリケーション・ソフトのインストールと使い方へ進んでソフトウェア・ラジオを体験してみましょう．

第2章

ドライバのインストール

ソフトウェア・ラジオ用ソフトウェアをインストールする前に，まずパソコンに広帯域受信用 USB ドングルを認識させるためのドライバをインストールします．この広帯域受信用 USB ドングルは，大きく分けて後発の専用の製品と，元々は地デジ受信用の製品をソフトウェア・ラジオに流用するものとがあります．

　最初にソフトウェア・ラジオ用のドライバをパソコンにインストールします．広帯域受信用 USB ドングルをソフトウェア・ラジオ用のハードウェアとしてパソコンに認識させるために必要です．その後に，広帯域受信用ソフトウェア，つまりソフトウェア・ラジオ用のソフトウェアをインストールします．HDSDR や SDR Sharp(SDR#)がそれにあたります．

　最初にインストールするドライバはとても重要です．ドライバのインストールに失敗すると，ソフトウェア・ラジオ用のソフトウェアが正しく動作しません．

　実はパソコンを使ったソフトウェア・ラジオのセットアップでもっとも多いトラブルが，このドライバのインストール失敗です．ドライバのインストールに失敗すると，広帯域受信用 USB ドングルをパソコンの USB 端子に挿しても正しく認識されません．その状態で HDSDR や SDR# などのソフトウェア・ラジオ用ソフトウェアを起動しても「ラジオが聞こえない」という状況になってしまいます．

　あせる気持ちを抑えて，慎重にドライバを正しくインストールしてください．その後にソフトウェア・ラジオ用ソフトウェアをインストールします．

C++と.NET Framework の確認

　ソフトウェア・ラジオ用ソフトウェアを動作させるには，「Microsoft Visual C++」と「Microsoft.NET Framework」がパソコンにインストールされていることが条件になります．そこで使用予定のパソコンにこれらがインストールされていることを最初に確認してください．

　なお，広帯域受信用の USB ドングルをパソコンの USB ポートに接続するのは，Zadig を使ってドライバ・ソフトをインストールした後です．はじめはパソコンの USB ポート

にドングルは挿さない状態で作業を進めます．先にUSBドングルをパソコンに挿すと，パソコンは本来の(地デジ用)ドライバを探してきてインストールしてしまいます．それではソフトウェア・ラジオになりません．

● プログラムの確認

ソフトウェア・ラジオに使うパソコンのWindowsのバージョンによって，確認のしかたが違います．

(1) Windows 10の場合

スタート画面から[設定]→[アプリ]→[プログラムと機能]の順にクリックしてMicrosoft Visual C++がインストールされていることを確認します．なお，Microsoft.NET Frameworkはここでは表示されませんが，基本的には，Windows 10ではインストール済みとなっています．

(2) Windows 7などの場合

パソコンの[コントロールパネル]→[プログラム]→[プログラムと機能]の順にクリックして，[Microsoft Visual C++]と[Microsoft.NET Framework4.7]がインストールされていることを確認します(図2-1)．

なお広帯域受信用ソフトは，C++や.NET Frameworkが古いバージョンでも動作しますが，不具合がおきたら新しいバージョンをインストールするようにします．

すでにインストール済みなら，p.26の[ドライバをインストールするソフトウェアZadig]に進みます．

● 「Microsoft Visual C++2015」をインストール

C++がインストールされていなかったら，Microsoftのサイトからダウンロードしま

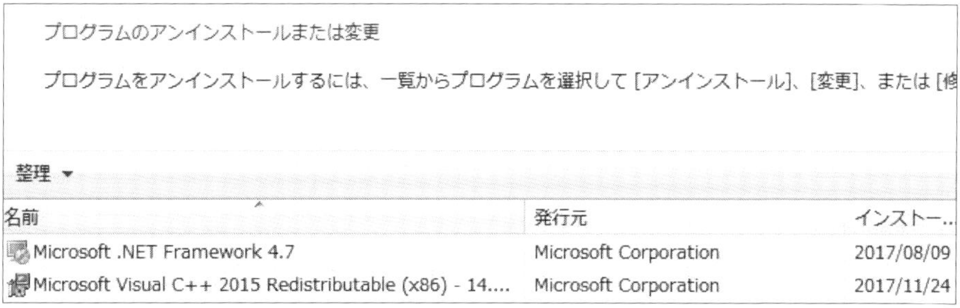

プログラムのアンインストールまたは変更

プログラムをアンインストールするには、一覧からプログラムを選択して [アンインストール]、[変更]、または [修

整理 ▼

名前	発行元	インストー...
Microsoft .NET Framework 4.7	Microsoft Corporation	2017/08/09
Microsoft Visual C++ 2015 Redistributable (x86) - 14....	Microsoft Corporation	2017/11/24

図2-1 [Microsoft Visual C++]と[Microsoft.NET Framework4.7]がインストールされていることを確認する

す．一例として，ここでは「Microsoft Visual C++2015」をダウンロードしてみます．

(1) Microsoftのダウンロードセンターに接続

Yahooやgoogleなどの検索サイトで「Visual C++ 2015」「再頒布」の2ワードなどでWebサイトを検索します．表示された項目から「Download Visual Studio 2015 の Visual C++再頒布可能パッケージ ...」をクリックします．

Microsoftの日本語サイトのダウンロードセンターの「Visual Studio 2015 の Visual C++再頒布可能パッケージ」にアクセスします．URLは，https://www.microsoft.com/ja-jp/download/details.aspx?id=48145です（図2-2）．

なおVisual C++2010，Visual C++2012などでもOKです．本書では，Microsoft Visual C++2015をインストールしています．

図2-2　Visual Studio 2015のインストール

(2)ダウンロードの手順

「言語を選択」を「日本語」にし，「ダウンロード」をクリックします．

WindowsのOSが64bit版ならvc_redist.x64.exeに，32bit版ならvc_redist.x86.exeにチェックを入れてダウンロードして実行します（**図2-3**）．

もし「マイクロソフトウェアライセンス条項」が表示されたら，「ライセンス条項および使用条件に同意する」にチェック入れて「インストール」をクリックします（**図2-4**）．

ダウンロード後に［プログラムと機能］で確かめると，Microsoft Visual C++2015が確認できます．

ダウンロードするプログラムを選んでください。

ファイル名	サイズ
☐ vc_redist.x64.exe	13.9 MB
☐ vc_redist.x86.exe	13.1 MB

図2-3　Visual Studio 2015をダウンロードする．Windowsが64bit版か32bit版かでファイルが異なるのでここで指定する

図2-4　［ライセンス条項および使用条件に同意する］にチェックを入れて［インストール］をクリックするとVisual Studio 2015のダウンロードが始まる

● 「**Microsoft.NET Framework4.7**」をインストール

(1) Microsoftのダウンロードセンターに接続

検索サイトから「Microsoft.NET Framework4.7」をキーワードにして検索し,表示された項目から「Download Microsoft .NET Framework 4.7 (Offline Installer) for ...」をクリックして,Microsoftの日本語サイトのダウンロードセンター https://www.microsoft.com/en-us/download/details.aspx?id=55167 に移動します.

(3) ダウンロードの手順

[言語を選択]を[日本語]にして,[ダウンロード]をクリックしてファイルをパソコンに[保存]してからインストールします(**図2-5**).

念のためにパソコンの[プログラムと機能]でMicrosoft.NET Framework4.7.2(日本語)がインストールされていることを確認しましょう.

図2-5 Microsoft.NET Framework4.7をダウンロードする.[言語を選択]で選び[ダウンロード]をクリックする

ドライバをインストールするソフトウェアZadig

　最新のSDR#は，インストール時に自動的にZadigをインストールするようになりました．SDR#を先にインストールする場合は，SDR#をインストールしたフォルダ内にある

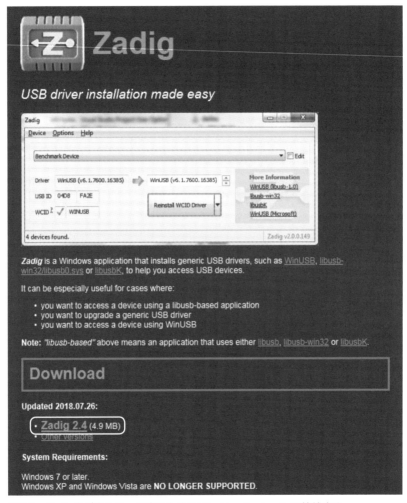

図2-6　Zadigをダウンロードするためにhttp://zadig.akeo.ieに接続する

Zadigをダブルクリックして起動してp.29の(3)から進めてください.

(1) Zadigのサイトに接続してダウンロード

「http://zadig.akeo.ie」に接続します(図2-6). そのページの[Download]の下にある[Zadig2.4(4.9MB)]という表示をクリックしてZadigをダウンロードします(図2-7). zadig.akeo.ieの[Download]から[zadig-2.4.exe(4.9MB)を実効または保存]が表示されるので,[保存]をクリックしてファイルをパソコンに保存します. バージョンは古くても動作しますが, ダウンロードするときは最新バージョンをダウンロードするのが良いでしょう.

なお, 第3章の広帯域受信用ソフトウェアSDRsharpでは, ホルダにZadigが生成されるので, 第3章でUSBドングルを認識させることもできます.

(2) Zadigを起動する

広帯域受信用USBドングルをUSBポートに差し込んでから, パソコンにダウンロードしたZadig2.4.exe(原稿執筆時)をダブルクリックして起動します(図2-8).

(3) WinUSBの確認

Zadigが起動したら, Driverが[WinUSB(V6.1.7600.16385)]になっていることを確認します(図2-9).

(4) Optionを開く

Zaidigの[Option]をクリックして開き[List All Devices]にチェックを入れます(図2-10).

(5) USBデバイスを表示してドライバを選択

図2-7　Zadigをダウンロードする

図2-8
広帯域受信用USBドングルをUSBポートに差し込んでから[Zadig2.4]をダブルクリックして起動する

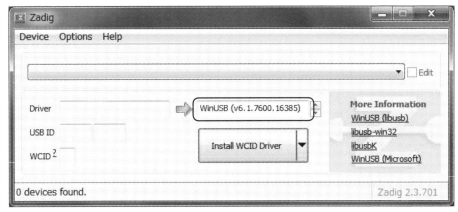

図2-9　Zadigの画面のDriverが[WinUSB(V6.1.7600.16385)]になっていることを確認する

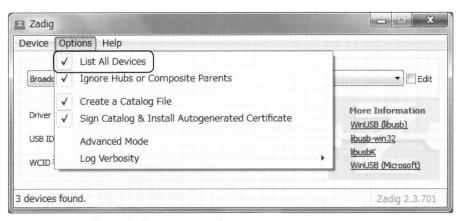

図2-10　Zaidigの[Option]-[List All Devices]にチェックを入れる

　Zaidigの[▼]をクリックするとUSBデバイスの一覧が表示されるので，デバイスの中から[RTL2832U]を選択します(図2-11)．広帯域受信用USBドングルの種類によっては[RTL2832U OEM]と表示される場合があります．

　RTL2832Uが一覧にないときには，[Bulk-In,Interface(Interface 0)]を選択します(図2-12)．

(6) インストールの確認と開始

　図2-12の[Install Driver]をクリックします．そして図2-13の画面になったら[インス

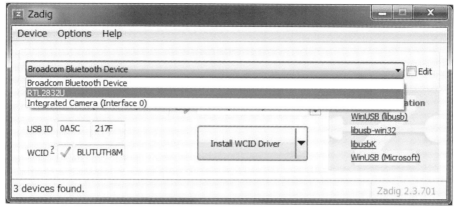

図2-11　USBデバイス一覧から[RTL2832U]を選択する

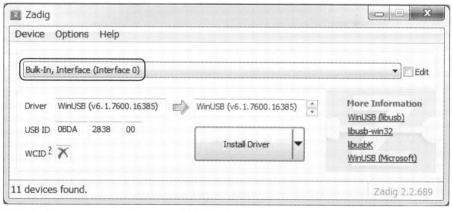

図2-12　[Bulk-In,Interface(Interface 0)]を選択する

図2-13　[インストール(I)]をクリックするとドライバのインストールが始まる

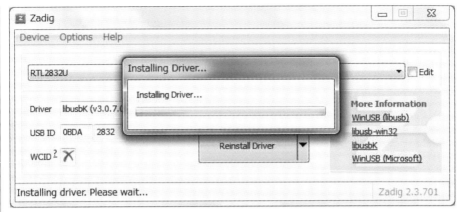

図2-14　USBドングルのソフトウェア・ラジオ用のドライバがインストールされる

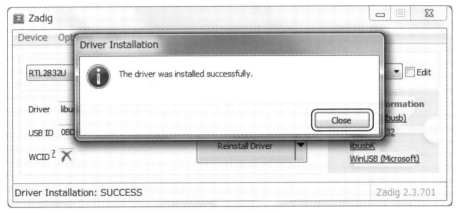

図2-15　ドライバのインストールが終わったら[close]をクリックして画面を閉じる

トール(I)]をクリックします.

(7) インストール中

　ドライバのインストールには数秒～数十秒かかります(図2-14).

(8) インストールの終了

　図2-15の表示が出たらドライバのインストールは成功です.[close]をクリックして画面を閉じます(図2-15).

デバイス・ドライバのインストールを確認する

　デバイス・マネージャで，パソコンが正しくRTL2832を認識していることを確認してみます．デバイス・マネージャを表示する方法の一例を紹介します．

(1)デバイスマネージャーの開き方

● Windows 7

　スタート・ボタン（またはWindowsキー）→［コントロールパネル］→［ハードウェアとサウンド］（図2-1A）→［デバイス マネージャー］（図2-1B）の順に左クリックすると図2-1Cのように［デバイス マネージャー］が表示されます．

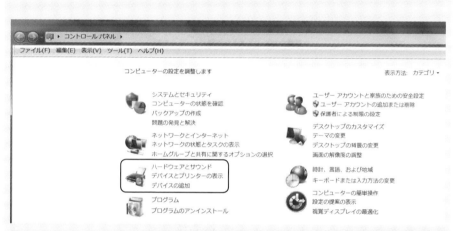

図コラム2-1A　Windows7の場合［コントロールパネル］で［ハードウェアとサウンド］をクリックする

図コラム2-1B
［ハードウェアとサウンド］
で［デバイス マネージャー］
をクリックする

• Windows 10

　スタート・ボタン(Windowsマーク)を右クリックします(図2-1D). さらに[デバイスマネージャー]をクリックします(図2-1E).

(2)デバイスの一覧からRTL2832を確認

　デバイスの一覧から[Universal Serial Bus devices]-[RTL2832U]になっていることを確認します. またデバイスにより[Universal Serial Bus devices]-[Bulk-In, Interface (Interface 0)]になることもあります.

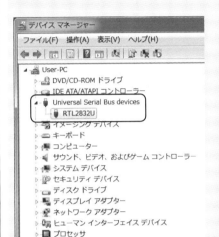

図2-1C [デバイス マネージャー]で
「Universal Serial Bus devices」-「RTL
2832U」になっていることを確認する

図2-1D
Windows10の場合[スタート・
ボタン(Windowsマーク)]を右
クリックする

図2-1F
[デバイス マネージャー]で「Universal Serial Bus
devices」-「RTL2832U」になっていることを確認する

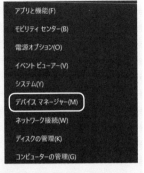

図2-1E
[デバイスマネージャー]をクリックする

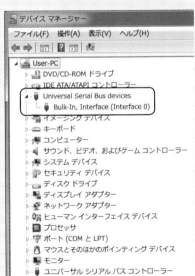

第3章
広帯域受信用ソフトウェア SDR#

SDR# をインストールする手順と操作方法を取り上げます．操作方法は，操作の基本になる「BASIC 編」と，使いこなすための「Advance 編」に分けて解説します．

　パソコンに広帯域受信用ソフトウェアSDR#をインストールして，アンテナで受信した信号を実際に受信してみます．SDR#の機能は，シンプルなので操作方法がわかりやすいのが特徴ですが，過去のバージョンアップ時に，インストール方法が変更されたことがあるので新しいバージョンをインストールする場合は少し注意が必要です．

広帯域受信用ソフトウェアSDR#をインストールする

● SDR# をダウンロードする

　本書で解説するソフトウェア・ラジオは，Windows10のパソコンと受信用ソフトウェアが必要です．オープンソースのソフトウェア・ラジオ用ソフトウェアは何種類かありますが，本章ではその1つのSDR#を紹介します．なお第2章でインストールしたインストール用ソフトウェアZadigは，SDR#のインストール先にあるので，インストール後にZadigで広帯域受信用USBドングルのドライバをインストールすることもできます．

　ここでは，パソコンのCドライブにSDR#というフォルダを作成し，SDR#と第2章で紹介したZadigを格納することにします．最初は広帯域受信用ドングルをUSBポートに差し込まないで，パソコン単体で進めていきます．

(1) AIRSPYのホームページに接続

　AIRSPYのWebサイトhttps://airspy.com/に接続します（図3-1）．ホームページが表示されたら，画面上方の表示の[Download]をクリックします（図3-2）．CD-ROMにも収録しています．

(2) SDR#をダウンロードして保存

　DownLoadの画面になります．[Windows SDR Software Package]の右にある[Down

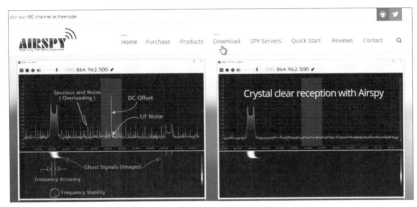

airspy.com - High Performance Software Defined Radios
airspy.com/ - キャッシュ

What is **Airspy**? **Airspy** is a popular, affordable SDR (software defined radio) based communic
ation receiver with the highest performance and the smallest form factor. It is a serious alternati
ve to both cost sensitive and higher end scanners while featuring the best radio browsing experi
ence of the market thanks to the tight integration with the de facto standard SDR# software. The
Airspy series offer continuous spectrum coverage and blazingly fast and accurate scanning any
where ...

Download - Airspy R2 - Airspy HF+ - Airspy Mini

図3-1　ソフトウェア・ラジオ用ソフトウェアSDR#の配布先AIRSPYのWebサイト

図3-2　Windows SDR Software Packageの[DownLoad]をクリックする

図3-3 パソコンの設定によっては，このような画面が表示されるので，[保存(S)]をクリックする

図3-4
sdrsharp-x86.zipファイルをCドライブのSDR#ホルダにコピーする

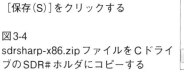

Load]をクリックするとSDR#がダウンロードされます．パソコンの設定によっては，[sdrsharp.x86.zipで行う操作を選んでください]という表示が出るので，[保存(S)]をクリックします（図3-3）．

(3) フォルダSDR#にファイルsdrsharp-x86.zipを移動

ダウンロードしたファイルsdrsharp-x86.zipを，Cドライブに作成したフォルダSDR#に移動またはコピーします（図3-4）．

(4) sdrsharp-x86.zipを解凍して展開

SDR＃フォルダのsdrsharp-x86.zipファイルを右クリックすると解凍の画面になるので[すべて展開]をクリックします（図3-5）．すると[展開先の選択とファイルの展開]画面になります（図3-6）．展開先をSDR#フォルダにして[展開]をクリックします．

これでSDR#フォルダ内にSDR#インストール用ファイルが展開（コピー）されます．

(5) sdrsharp-x86をインストールする

SDR#フォルダの中のsdrsharp-x86フォルダをクリックして開き，表示したファイルのうちinstall-rtlsdr.batファイル（Windowsパッチファイル）をダブルクリックするとsdrsharp-x86がインストールされます（図3-7）．インターネット接続環境が必要です．.NET Framework V.4.8がパソコンに入っていない場合は，別途ダウンロードしてインストールする必要があります．指示に従い「.NET Framework4.8 Runtime」をダウンロード

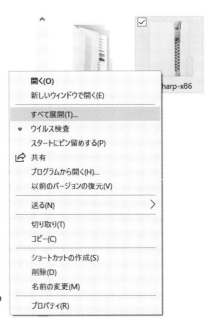

開く(O)
新しいウィンドウで開く(E)

すべて展開(T)...

● ウイルス検査
スタートにピン留めする(P)
↪ 共有
プログラムから開く(H)...
以前のバージョンの復元(V)

送る(N)   >

切り取り(T)
コピー(C)

ショートカットの作成(S)
削除(D)
名前の変更(M)

プロパティ(R)

図3-5 sdrsharp-x86.zip
を解凍して展開

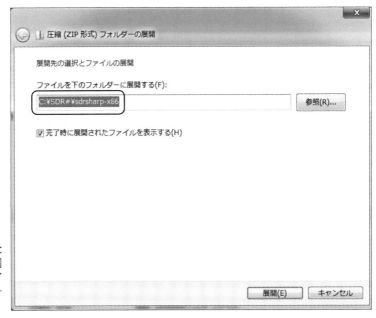

圧縮 (ZIP 形式) フォルダーの展開

展開先の選択とファイルの展開

ファイルを下のフォルダーに展開する(F):

C:¥SDR#¥sdrsharp-x86   参照(R)...

☑ 完了時に展開されたファイルを表示する(H)

展開(E)   キャンセル

図3-6
[展開先の選択と
ファイルの展開]
画面でCドライ
ブのSDR#フォ
ルダを選択

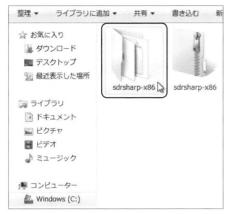
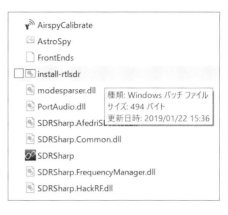

図3-7　sdrsharp-x86フォルダをクリックして開き，install-rtlsdrをダブルクリックするとインストールされる

してインストールして再起動してください．

SDR#で受信　「BASIC」編

　さっそく受信してみましょう．ここでは，細かな設定は後回しにして，外部からの電波を受信して動作確認してみます．最初は，とりあえずSDR#を最低限の設定だけで使ってみしょう．

　まず，受信用USBドングルをパソコンのUSB端子に挿します．受信用USBドングルのアンテナ端子にアンテナを接続してください．次にパソコンにインストールしたSDR#を起動してFM放送やVHF帯のエア・バンド，さらにダイレクト・サンプリングで中波帯（MW）や短波帯（SW）の電波を受信してみます．

● 受信前にSDR#を設定

(1)パソコンのデスクトップ(画面)にショートカットを置く

　sdrsharp-x86フォルダを開き，SDR#ファイルを右クリックし［ショートカットの作成(s)］を左クリックしてショートカットを作成します（図3-8）．作成したショートカットをマウスでデスクトップ画面にドラッグ＆ドロップして移動します．

(2)セキュリティの警告画面

　ショートカットSDR#をクリックすると，使っているパソコンの状況によってはセキュ

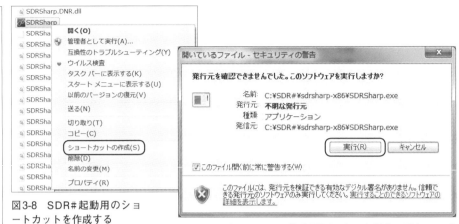

図3-8　SDR#起動用のショートカットを作成する

図3-9　セキュリティの警告画面になった場合は発行元の確認画面で[実行(R)]をクリックする

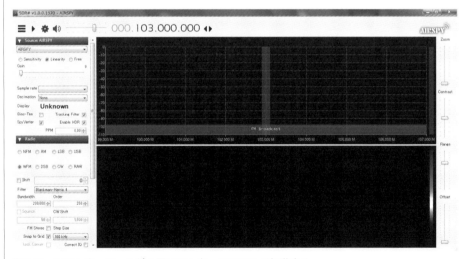

図3-10　ソフトウェア・ラジオ用ソフトウェアSDR#が起動する

リティの警告画面になることがあります．その場合は発行元の確認画面で，[実行(R)]を
クリックします(図3-9)．

(3)ソフトウェア・ラジオ用ソフトウェア SDR#の起動

　ソフトウェア・ラジオ用ソフトウェアSDR#が起動し，SDR#の画面になります(図

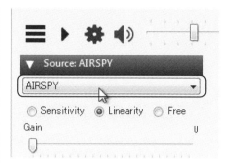

図3-11 [Source]が[AIRSPY]になっているので変更する. マウスでクリックして一覧を出す

図3-12 一覧から[RTL-SDR(USB)]を選ぶ

3-10).

(4) [Soure]をRTL-SDR(USB)に

　起動画面の左上の[Source]が[AIRSPY]（図3-11）になっているので，マウスでクリックして一覧から[RTL-SDR(USB)]を選びます（図3-12）.

● ソフトウェア・ラジオ用ソフトウェアSDR#でFM放送を受信する

　手始めにFM放送を受信して，ソフトウェア・ラジオ用ソフトウェアSDR#の基本操作を試してみます. FM放送局は，ほとんどの地域で受信できるので，SDR#を試すには最適です. なおここでは，USBポートに接続するドングルとしてRTL-SDR.COMを使いましたが，他のトングルも手順は同様です. ただしRTL-SDR.COM以外のドングルでは，MW帯〜HF帯が受信できるダイレクト・サンプリング・モードには対応していないので，最低受信周波数はDT-305の場合で50MHz，DVD-T + DVB + TVは24Mzになります.

(1) アンテナを接続して受信開始

　ドングルのアンテナ端子に，FM放送を受信するためのアンテナを接続します. FM電波が強い地域なら，アンテナとして1m程度の被覆電線でも十分な信号強度でFM放送を受信できます. ただし，ドングルのアンテナ端子に電線を直接挿すとアンテナ端子が壊れてしまう恐れがあります. 正しいコネクタまたは変換コネクタを使ってください.

　SDR#の画面左上の[▶(Start)]をクリックすると，▶が■に変わり受信を開始します. また，変化した[■(stop)]をクリックすると，もとの受信停止状態に戻ります（図3-13）.

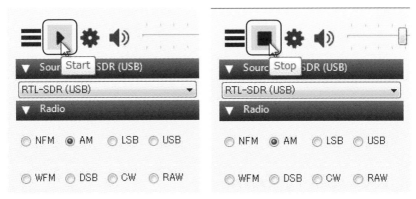

図3-13 ［▶(Start)］をクリックすると受信を開始し，［■(stop)］をクリックすると，受信を停止する

(2)受信モードを選ぶ

FM放送を受信するので，［○WFM］(Wide FM)ボタンをクリックしてチェック・マークを入れます．また[FM Stereo]にチェックを入れるとステレオ受信になります(図3-14)．

(3)RFゲインの調整

歯車マークの[Configure Source]をクリックすると[RTL-SDR Controller]のメニューが開きます．開いた画面の[RF Gain](Radio Frequency Gain)バーで高周波の利得が調整できます．

マウスでメニューの[RF Gain]のバーをつかみ，バーを右に動かすとゲインが上がり，左でゲインが下がります．バーをクリックしてマウス・ホイールを回すことでもバーが左右に動いてRF Gain調整ができます．受信時に電波が強すぎると高周波増幅回路が飽和するので，ひとまずバーの位置を半分程度にしておきます．なお表示の[Device]でチューナのICチップ[RT820]と復調用ICチップの[TL2832U(O)]:(OEM)が確認できます．

(4)音量調整

画面左上のバーで調整します．右へ動かすと音量が大きくなります．またはバーをクリックしてマウス・ホイールを回すと，バーが左右に動いて音量調整ができます(図3-16)．

(5)受信周波数を数字で設定

スペクトル画面上では，赤色の縦線が受信周波数になります．

● 数字をクリックして設定

マウス・ポインタを画面上側にある受信周波数の数字の上におくと赤色になります．こ

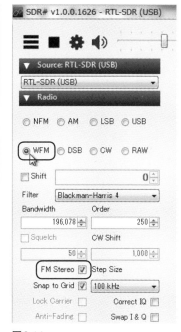

図3-14
[○WFM](Wide FM)にチェック・マークを入れ，[FM Stereo]にもチェックを入れるとステレオ受信になる

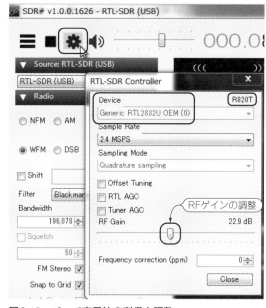

図3-15　バーで高周波の利得を調整

こで左クリックすると，赤色の桁の周波数が上がってスペクトル画面上の赤ラインが右へ移動します．また，マウス・ポインタを受信周波数の数字の下側におくと青色になります．ここで左クリックすると，青色の桁の周波数が低くなってスペクトル画面上の赤ラインが左へ移動します．

　さらに数字をポイントして右クリックすると，クリックした数字と下の桁が"0"クリアされます．

　マウス・ホイールで数字が赤色または青色の状態で，マウス・ホイールを上へ回すと受信周波数が高くなり，下へ回すと周波数は低くなります（図3-17）．

(6)受信周波数を周波数スペクトル画面で設定

●スペクトル画面

　スペクトル画面上の適当な周波数にマウス・ポインタをおいて左クリックすると受信周

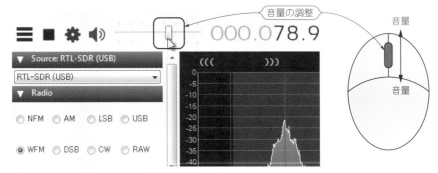

図3-16　バーを動かすことで音量の調整ができる

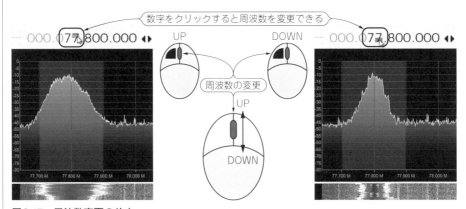

図3-17　周波数変更の仕方
表示されている周波数をクリックして直接アップ / ダウンする方法と，マウスのホイールでアップ / ダウンする方法がある

波数を変更できます．

　この画面では受信周波数は赤ラインの78.9MHzの放送局を受信していますが，青ラインの周波数79.5MHzの放送局に合わせ左クリックすると，受信周波数は79.5MHzになります（図3-18）．

● マウス・ホイールで周波数変更

　スペクトル画面の適当な位置にマウス・ポインタをおき，マウス・ホイールを上へ回すと赤ラインが移動して100kHzステップで周波数を変更できます（図3-19）．

　なお周波数ステップを変更するには，［Radio］の［Snap to Grid］で［50kHz］や…［10kHz］…［1kHz］などに変更できます．

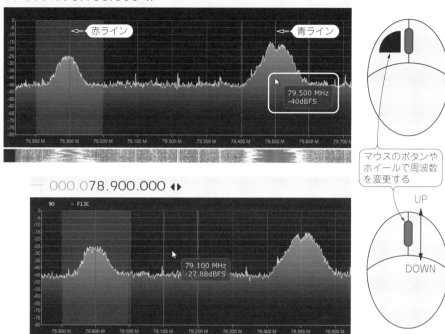

図3-18　左クリックすると受信周波数を変更できる

図3-19
マウス・ホイールを回
して周波数変更する

• スペクトラム画面の上でマウス・ポインタをバンド幅になる網掛け部分に合わせて左ク
リックしたままの状態でマウスを左右へ動かすと受信周波数が変化します.

　また周波数スペクトル画面の表示周波数にマウス・ポインタを合わせ, 左クリックした
ままでマウスを左右へ動かすと, スペクトル画面の周波数範囲が変化します(図3-20).

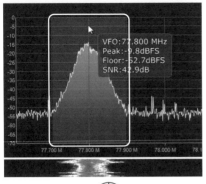
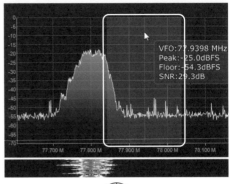

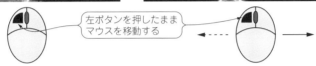

図3-20 左クリックしたままの状態でマウスを左右へ動かして周波数を変更できる

● ソフトウェア・ラジオ用ソフトウェアSDR#でAMモードのエア・バンドを受信する

エア・バンドと呼ばれる航空管制官とパイロットの交信を受信してみます．VHF帯のエア・バンドの割り当て周波数は117.975M ～ 137MHzですが，実際には118M ～ 127MHzに集中しています．なおFM放送に比べて電波が弱いので，歯車マークの[Configure Source]→[RF Gain]のバーを右いっぱいにしてソフトウェア・ラジオSDR#の感度を最大にしておきます．

(1) 電波形式はAMモード

エア・バンドの電波形式はAMモードです．[RADIO]の[○ AM]ボタンをクリックしてチェック・マークを入れます(図3-21)．こうするとSDR#はAMモードになります．

(2) 受信周波数をエア・バンドに変更する

スペクトル画面の下端にエア・バンド受信周波数であるという[Air Band Voice]と表示されます．

(3) 地域のエア・バンドの周波数を確認

あらかじめGoogleなどで検索して，地域の周波数を確かめておきましょう．

ここでは中部セクタの東京コントロールの周波数123.9MHzで管制官とパイロットの交信を聞くことができました．住んでいる地域の周波数を入れてみてください．地域によっ

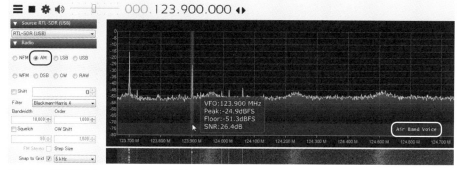

図3-21 電波形式をAMモードに変更する

ては，飛んでいる飛行機が少ないので飛行機が飛んでくるタイミングに合わせて受信します．最初はコツが必要かもしれません．比較的通信回数が多いのは，札幌コントロール，東京コントロール，福岡コントロール，那覇コントロールと呼ばれる管制の通信です．これらの主用波の周波数を狙ってみると良いでしょう．周波数は，インターネットで調べることができます．

● ダイレクト・サンプリングで中波放送や短波放送を受信する

　RTL-SDR.COMのドングルには，ダイレクト・サンプリングという機能があるので地デジ用のUSBドングルよりも低い周波数を受信することができます．

　ここでは，ダイレクト・サンプリング・モードで中波放送や短波放送を受信してみます．アンテナの長さを中短波放送の受信用に，数mの被覆電線をつないでアンテナを長くします．

(1)ダイレクト・サンプリング・モードの設定

　画面左上の[■(stop)]をクリックすると，▶が■に変わり受信が停止します．歯車マークの[Configure Source]をクリックして[RTL-SDR Controller]のメニューを開きます．

　メニューの[Sanpling Mode]をクリックして開き，[Direct sampling(Q branch)]を選んでクリックします．そして[Close]をクリックして閉じると設定は完了です(図3-22)．

(2)中波放送を受信する

　画面左上の[▶(Start)]をクリックすると，▶が■に変わり受信を開始します．受信周波数を中波帯にして放送を受信してみます．ここでは729kHzのNHK第一放送(名古屋)を受信してみました．

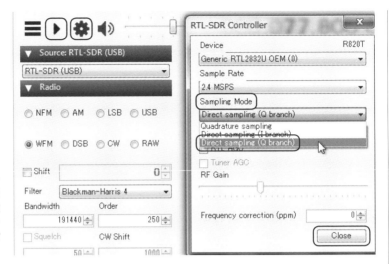

図3-22
ダイレクト・サ
ンプリング・モ
ードで低い周波
数の中波放送や
短波放送を受信
してみる

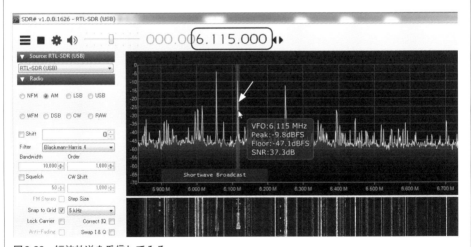

図3-23　短波放送を受信してみる

(3)短波放送を受信する

　受信周波数を短波帯にして放送を受信してみます．ここでは昼間6.115MHzのラジオ
NIKKEI第2を受信してみました．外国の放送局も短波帯では受信できます．多くの場合，
昼よりも夜のほうがより明瞭に受信できます（図3-23）．

● SDR#の画面表示を設定する

SDR#は，画面の表示を調整して好みの画面になるようにカスタマイズできます（図3-24）.

(1)スペクトル画面とウォータ・フォール画面のサイズ調整

スペクトル画面とウォータ・フォール画面の境目の白線をマウスでクリックしてつかみ，マウスを上下に動かすと画面の大きさを変更できます．つまり画面上のスペクトル画面とウォータ・フォール画面の割り合いが変わります．

(2)スペクトル画面のバンド幅—Zoom

［Zoom］バーの上下で画面上のバンド幅が2k ～ 2MHzに変化します．バーの下端で画面上のバンド幅は2MHzになります．

(3)画面の濃淡—Contrast

［Contrast］バーの上下でウォータ・フォール画面の濃淡が変化します．信号レベルによりウォータ・フォール画面の色が変化するのを参考にして，レベル大で赤に，レベル小で青になるように調整するのが見やすいでしょう．

(4)スペクトル画面の信号レベル—Range

［Range］バーの上下で信号レベルの表示幅が10 ～ 150dBに変化します．信号レベルの

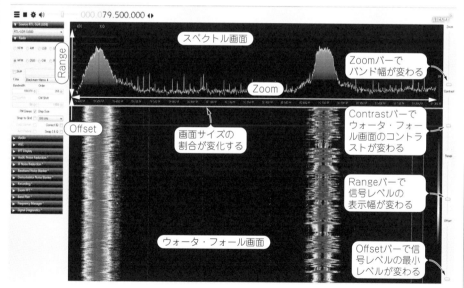

図3-24　SDR#の表示をカスタマイズできる

表示幅を最大の150dBにすると，例えば最大レベルが0dBなら，0 ～ － 150dBの表示になります．

(5) スペクトル画面の最小信号レベル ─ Offset

Offsetバーの上下で信号レベルの最小レベルが150dB変化します．

Advance編

BASIC編ではソフトウェア・ラジオ用ソフトウェアSDR#の基本的な使い方を説明しましたが，SDR#は，もっといろいろなカスタマイズが可能です．Sharpの画面の左側にある[パネル]を開いていろいろなSDR設定をします．

Advance編ではBASIC編では紹介しきれなかったSDR#の機能の使い方を解説します．

● Configure Sourceパネルの操作

歯車マークをクリックして[Configure Sourceパネル]開きます．ここでは[Device]欄でチューナ用ICチップ[R820]と復調用チップ[RTL2832U OEM]を確認できます（**図3-25**）．

(1) [Sample Rate] (サンプル・レート)

図3-25の[RTL-SDR Controller]では，帯域幅(バンド幅)の最大値を選べます．[0.25M ～ 3.2MSPS]から3.2MSPSを選ぶと，[Zoomの最大値]の帯域幅が3.2MHzになります．

(2) [Sampling Mode] (サンプリング・モード)

デフォルトの[Quadrature sampling]モードでは，広帯域受信用USBドングルがDVD-T + DVB + FM またはRTL-SDR.COMの場合は，最低受信周波数は24MHzです（**図3-26**）．

[Sampling Mode]を[Direct sampling]モードにすると，[Sampling Mode]のときよりも低い周波数を受信できるようになります．[Direct sampling (Q branch)]モードに対応したRTL-SDR.COMのUSBドングルでは，500k ～ 24MHzが受信できます．アンテナで受けた電波はアンテナ→復調ICチップと流れて処理されます．

(3) [Offset Tuning] (オフセット・チューニング)

周波数コンバータを利用する場合，実際に受信している周波数と表示周波数が異なります．その場合，周波数コンバータで±した周波数成分を補正することができます．これにより，本来の受信周波数を正しくパソコンで表示できるようになります（**図3-27**）．

(4) AGC

自動利得制御(Automatic Gain Control)は受信号の強弱を補正します．信号の強弱に応じて利得を変化させ出力レベルを一定にします．

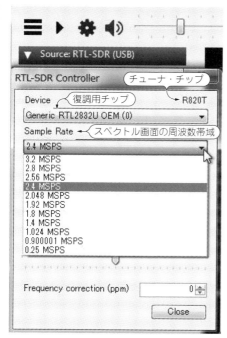

図3-25 [Device]でUSBドングルのチューナ用ICチップと復調用ICチップの型番を確認できる

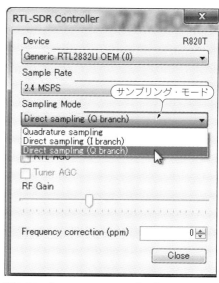

図3-26 [Sampling Mode]で[Quadrature sampling]モードか[Direct sampling]モードを選ぶことができる．ただし現状ではRTL-SDR.COMを使用した場合のみ動作可能

図3-27
[RTL-SDR Controller]では，[Device]，[Sample Rate]，[Sampling Mode]，[Offset Tuning]，[RTL AGC]，[Tuner AGC]，[RF Gain]，[Frequency correction]を指定できる

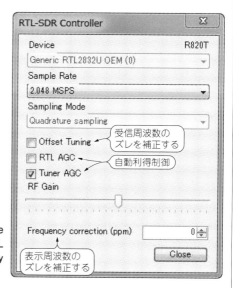

- RTL AGC

  復調 IC チップ以降の処理での信号の利得を制御します（**図3-27**）.

- Tuner AGC

  USB ドングル内のチューナ IC チップの［RF Gain］（高周波利得）を制御します. ［Tuner AGC］にチェックを入れると［RF Gain］の調整はできなくなります（**図3-27**）.

(5) Frequency correction（ppm）

受信機の周波数を補正します. USB ドングルは高精度ですが, 個体差により周波数が少しだけずれている場合があります. 受信性能に問題はありませんが, パソコン上で表示されている周波数と実際受信している周波数がわずかにずれている状態です.［Frequency correction（ppm）］でこの受信周波数のズレを補正できます（**図3-27**）.

ここでは受信電波の基準として筆者の自宅近くになる中部国際 ATIS を選び, 表示周波数を 127.075MHz にしました（各読者はそれぞれ近くにある信号源を選ぶこと）.

ソフトウェア・ラジオを受信状態にして 10 分程度待ってから調整するのが良いでしょう. 例えば, 表示周波数に対して受信電波の ATIS のスペクトル周波数がずれているときは,［▲］または［▼］をクリックして ATIS の信号が赤ラインの 127.075MHz に重なるよう調整します（**図3-28**）.

● **Radio** パネルの操作

ここでは, 受信電波型式,［Shift］,［Filter］,［Bandwidth］,［Order］,［Squelch］,［CW Shift］,［FM Stereo］,［Snap to Grid］,［Lock Carrier］,［Anti-Fading］,［Step Size］,［Correct IQ］,［Swap I&Q］の設定ができます.

まず最初に, 受信電波型式と周波数帯域［Bandwidth］の関係を説明します. 受信電波型式には一般的に使われている周波数帯域があります. その帯域幅に合わせると正しく受信できますが, なにかの理由で, 帯域幅を意図的に変更する場合もあります.

(1) 一般的な受信電波型式と［Bandwidth］の関係

受信電波の型式と, それに適した帯域幅を［Bandwidth］で設定します.

- NFM：Narrowband FM

  おもな用途；FM 通信, 帯域幅：12k ～ 16kHz（12000 ～ 16000Hz）

- AM：Amplitude Modulation

  おもな用途；中波・短波放送や VHF 帯のエア・バンド

  帯域幅；6k ～ 16kHz（6000 ～ 16000Hz）

  エア・バンドで帯域幅を 6kHz にして受信すると音声出力の最高周波数は 3kHz になり

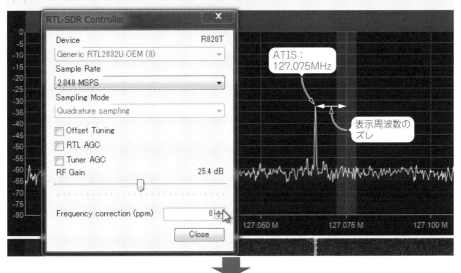

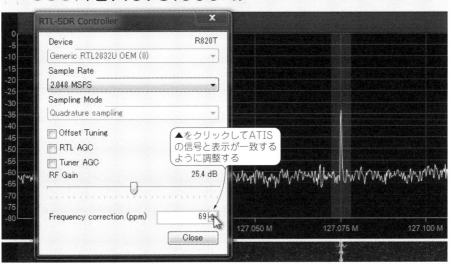

図3-28　周波数のわかっている基準となる信号を受信して，信号がその周波数のにピタリと合うように調整する

ます．これは高域がカットされた電話の音声に似た音質になりますが，ノイズ音が減って明瞭度が上がります．

　AM放送で帯域幅を16kHzにすると信号波の最高周波数は8kHzになり，高音域も復調できるようになります．

　その他の電波形式の帯域幅は次のようになります．

- LSB/USB：Lower Side Band AM/Upeer Side Band AM
  SSB：Single Side Band（単側波帯）方式
  帯域幅；3.0k 〜 3.4kHz
- WFM：Wide FM
  FM放送局，帯域幅；200kHz
- DSB：Double Side Band（両側波帯）方式
  帯域幅；6 〜 6.8kHz
- CW：Continuous Wave（電信）
  帯域幅；250 〜 500Hz
- RAW：ディジタル通信の復調
  帯域幅；10kHz

　[Filter]，[Bandwidth]はスペクトル画面上でも設定できます．マウス・ポインタをスペクトラム画面上のバンド幅の端におくと，現在のバンド幅が表示されます．そのままクリックして帯域幅の端をマウスでつかんだままにしてマウスを左右に動かすと，[Bandwidth]が変化します．

(2) [Filter]フィルタの特性

　ディジタル・フィルタの種類を選択します．減衰特性が変化しますが，特にどれを選択

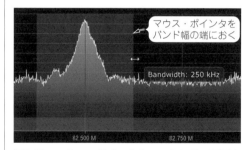
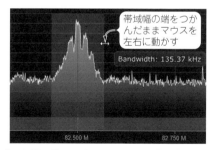

図3-29　マウス・ポインタをスペクトラム画面上のバンド幅の端におきクリックして帯域幅の端をマウスでつかんだままマウスを左右に動かすと[Bandwidth]の値を変更できる

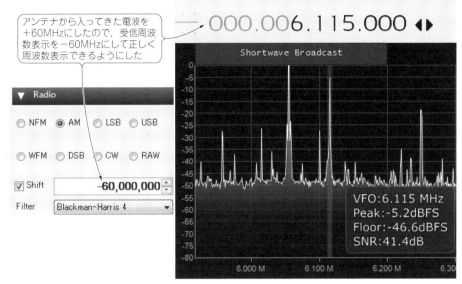

アンテナから入ってきた電波を
+60MHzにしたので、受信周波
数表示を-60MHzにして正しく
周波数表示できるようにした

図3-30　トランスバータを使った場合でも、実際の受信周波数と表示している受信周波数が同じ
になるように設定できる

しても問題はありません.

- Filter Order：高周波部のフィルタを調整します. これも特に調整しなくても問題はあ
りませんが、受信電波型式によってノイズが気になるようなら調整してみましょう.

(3) [Shift]受信周波数を校正

たとえばトランスバータで受信周波数6.115MHzを+60MHzにアップ・コンバージョ
ンして受信する場合、ドングルの表示周波数は66.115.000Hzになります. そこで[Shift]に
チェックを入れ、数値に[-60,000,000]を入力すると、66.115.000-60,000,000 = 6.115.000と本
来の周波数を表示できます(図3-30).

また[Configure Source]パネルのFrequency correction(ppm)と同様に、表示周波数の
ズレの補正に利用することができます.

(4) [Squelch]で無信号時のノイズ音カット

電波を受信していないときにスピーカから出る「ザッー」というノイズ音を止める機能で
す(図3-31).

- Squelch(スケルチ)が開くレベルはフロア・ノイズ・レベルが-55dBなら数値を50dB
というような値に設定します.

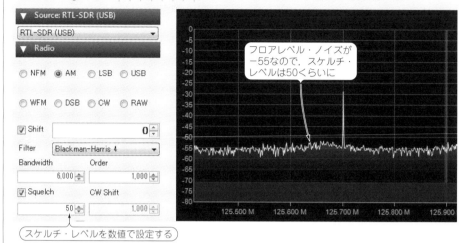

図3-31　[Squelch]で，電波を受信していないときにスピーカから出る「ザー」というノイズ音を止めることができる

- または，数値を30にしてスケルチが開く「ザー」という状態から少しずつ数値を大きくしていき，スケルチが閉じてスピーカが無音になる状態に設定します．ただしこの数値を大きくしすぎると，弱い信号のときにスケルチが開かなくなります．つまり，弱い信号を受信できなくなってしまうので注意が必要です．

(5)周波数ステップの設定

[Step Size]で周波数を変更するときの一度に変化する周波数量を設定できます(図3-32)．

- [FM Stereo]にチェックを入れると100kHzに，それ以外は，[Snap to Grid]にチェックを入れ，▼をクリックして開く周波数ステップ一覧からステップ周波数を選びます．

　おもな電波の周波数ステップは以下のとおり．

- 中波放送：9kHz
- FM放送：100kHz
- エア・バンド：25/50/100kHz

● [Audio]パネル

(1)[Samplerate]

　オーディオ出力(音声出力)のサンプリング周波数のレートを可変できます(図3-33)．

図3-32 周波数を変更するときの一度に変化する周波数量を設定できる

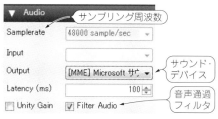

図3-33 [Audio]パネルでは，音声出力のサンプリング周波数，サウンド・デバイスの選択，音声通貨フィルタ，Radioパネルの入出力ゲイン調整ができる

図3-34 [AGC]パネルでは，AGCの動作開始レベルやレスポンスを調整できる

(2) [Input] [Output]

パソコンのサウンド・デバイスを選びます．

(3) [Filter Audo]

音声通過フィルタです．チェックを入れるとONになり高音域のノイズが減ります．

(4) [Unity Gain]

Radioパネルの入出力ゲインの調整ができます．

● [**AGC**]パネル

AGCの制御特性を設定できます（**図3-34**）．

(1) [Use AGC]

チェックを入れると，以下の(2)が有効になります．

(2) [Use Hang]/[Threshold]/[Decay]/[Slop]

AGCの動作開始レベルやレスポンスを調整できます．

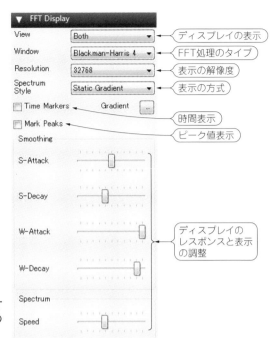

図3-35
[FFT Disply]パネルでは，FFT
ディスプレィの表示とFFTの
信号処理の種類を選べる

● [**FFT Disply**]パネル

(1) [View]

ディスプレィの表示を設定できます(図3-35).

Spectram Analyzer(スペクトル画面のみ)/Waterfall(ウォータ・フォール画面のみ)/
Both(スペクトル・ウォータ・フォール画面)/None(画面表示なし)を選べます.

(2) [Window]

FFT(Fast Fourier Transform)の信号処理の種類を選べます.

(3) [Resolution]

表示の解像度を512 ～ 4194304階調まで選べます.

(4) [Spectrum Style]

スペクトラム画面の表示スタイルを選べます.

Dots/Simple Curbe/Solid Full/Static Gradient/Dinamic Gradient/Min Max

(5) Time Markers

ウォータ・フォール画面に時間表示を追加できます.

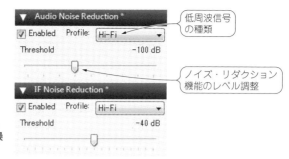

図3-36
[Noise Reduction]パネルでは，
ノイズ・リダクション機能を操
作できる

(6) Mark Peaks

スペクトル画面に信号ピーク点表示を追加できます．

(7) Gradient

ウォータ・フォール画面のグラデーションの調整ができます．

(8) Smoothing

スペクトル画面とウォータ・フォール画面の表示を調整できます．

● ［Noise Reduction］パネル

ノイズ成分と信号成分を分離する機能です．［Audio(低周波信号)］または［IF(中間周波)
段］で雑音を低減させることができます(図3-36)．

［Enabled］にチェックを入れ［Threshold］バーで調整します．バーを右に移動すると効
果が強くなりますが，強くしすぎると音質が大きく変化して聞きづらくなります．

● ［**BaseBand Noise Blanker**］パネル

イグニション・ノイズなどのパルス性ノイズを抜き取る機能です(図3-37)．SDRの
［BaseBand(IQ信号)］または［Demodulator(復調信号)］で受信信号瞬間的にカットするこ
とでノイズを抜き取ります．

［Enabled］にチェックを入れ［Threshold］バーで調整します．また［Pulse Width］で抜き
取るパルス幅を調整します．

● ［Recording］パネル

［Record］でデータを保存できます(図3-38)．

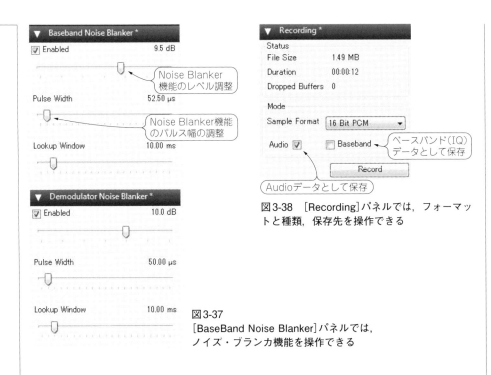

図3-38 [Recording]パネルでは，フォーマットと種類，保存先を操作できる

図3-37
[BaseBand Noise Blanker]パネルでは，
ノイズ・ブランカ機能を操作できる

(1) [Sample Format]

保存するフォーマットは8bitPCM/16bitPCM/32bitIEEE Floatから選択することができます.

(2) [Audio]，[Baseband]

AudioファイルとBaseband(IQ)ファイルを保存することができます.

保存先のフォルダは，sdrsharp.x86になります．ファイル名は，AudioファイルはSDR Sharp…_AFに，BasebandファイルはSDRSharp…_IQになります(図3-39). 16bitPCMで1分間録音したときのファイルの容量は，Audioファイルでは7.5Mバイト程度，Baseband ファイルは480Mバイト程度になります.

● 再生方法

Audioファイル:ダブルクリックすると，iTunesなどのメディア・プレーヤが起動して再生が始まります.

Baseband(IQ)ファイル:[Source]パネルの▼をクリックしてウインドウを開き，[IQ File (*way)]を選択するとフォルダが開いてファイルが表示されます. IQファイルを選択して

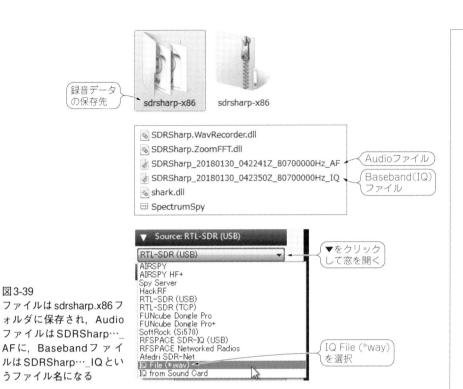

録音データ
の保存先

sdrsharp-x86   sdrsharp-x86

SDRSharp.WavRecorder.dll
SDRSharp.ZoomFFT.dll
SDRSharp_20180130_042241Z_80700000Hz_AF ← Audioファイル
SDRSharp_20180130_042350Z_80700000Hz_IQ ← Baseband(IQ)ファイル
shark.dll
SpectrumSpy

▼ Source: RTL-SDR (USB)

RTL-SDR (USB) ← ▼をクリックして窓を開く
AIRSPY
AIRSPY HF+
Spy Server
HackRF
RTL-SDR (USB)
RTL-SDR (TCP)
FUNcube Dongle Pro
FUNcube Dongle Pro+
SoftRock (Si570)
RFSPACE SDR-IQ (USB)
RFSPACE Networked Radios
Afedri SDR-Net
IQ File (*way) ← IQ File (*way)を選択
IQ from Sound Card

図3-39
ファイルはsdrsharp.x86フォルダに保存され，Audioファイルは SDRSharp…_AFに，Basebandファイルは SDRSharp…_IQというファイル名になる

[Start]をクリックします．

● [Zoom FFT]パネル

周波数スペクトル画面の詳細表示を選択できます(図3-40)．

(1) [Enable IF]

[IF Spectrum]画面に受信周波数の周波数スペクトルを表示させます．電波形式により表示周波数幅が変化します．

(2) [Enable Filter]

[IF Spectrum]上に帯域フィルタの周波数帯域幅を表示します．

(3) [Enable MPX]

FM放送(WFM)受信時に，FMステレオの周波数スペクトルを表示します．

(4) [Enable Audio]

オーディオ信号(低周波信号)の周波数スペクトルを表示します．

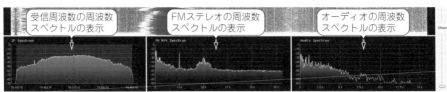

図3-40 [Zoom FFT]パネルでは，受信周波数の周波数スペクトル表示，帯域フィルタの周波数帯域幅表示,，FMステレオの周波数スペクトルを表示，オーディオ信号（低周波信号）の周波数スペクトルを表示をON-OFFできる

● [Band Plan]パネル

受信周波数に対応したバンド・プランの表示と，周波数に対応した受信モード(AM，FM…)や周波数ステップ[Step Size]が自動的に選択されます．それぞれにチェックを入れると機能が有効になります（図3-41）．

(1) [Show on spectrum]

周波数スペクトル画面にバンド・プランを表示できます．

(2) [Position]

バンド・プラン表示の位置を設定できます．

(3) [Auto pdate radio settings]

受信モード，周波数ステップを設定できます．

(4) Band Pian変更のしかた

日本の電波使用状況に合わせて，バンド・プランを変更してみましょう．

• SDR#をインストールしたsdrsharp-x86フォルダ内のBandPlan.xmlファイルをマウスで右クリックして編集で開きます．

• 一例としてFM放送の[WFM]の周波数帯のデフォルト87.5 ～ 108MHzを76 ～ 95MHzに変更してみます．

　　最小周波数"76000000"

　　最大周波数"95000000"

　　受信モード

　　周波数ステップ

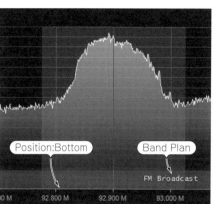

図3-41
[Band Plan]パネルでは，あらかじめ設定することにより，受信周波数に対応したバンド・プランの表示と，周波数に対応した受信モードや周波数ステップに自動的に変更できる

バンド・プラン色と表示

<RangeEntry minFrequency="87500000" maxFrequency="108000000" mode="WFM" step="100000" color="red">FM Broadcast</RangeEntry>

<RangeEntry minFrequency="108000000" maxFrequency="118000000" mode="AM" step="5000" color="900000FF">Air Band VOR/ILS</RangeEntry>

● [Frequency Manager]パネル

周波数や電波型式などをプリセットできます(図3-42).

(1) [New]

受信している周波数は[New]をクリックすると記憶させることができます．[Edit Entry Information]が開いたら[Grap]にグループ名を入力します．ここでは[FM Station]とし，さらに[Name]に局名として[FM AICHI]と入力しました．

新たな局を同じグループに追加するときは，[▼]をクリックするとグループを呼び出すことができます．

(2) メモリ呼び出し

メモリしてプリセットした局を呼び出すには，[Grap]→[FM Station]を開き，メモリ局をダブルクリックするとプリセットした周波数に変わります．

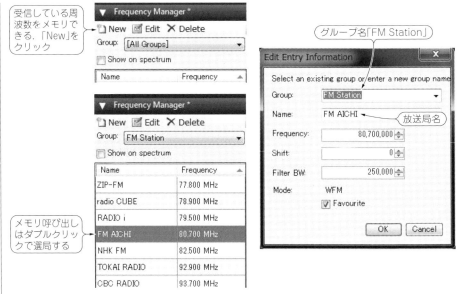

図3-42　[Frequency Manager]パネルでは，周波数や電波型式などをプリセットできる

● [**Signal Diagnostics**]パネル

各種信号の解析ができます．

(1) [Source]

解析信号の種類は，Filterd IF/Full IQ/Demodulatorです．

(2) [Refernce]

基準レベルを設定できます．

(3) [Ampjitude]

信号レベルを設定できます．

● **SDR#のまとめ**

広帯域受信用ソフトSDR#は，有志によってどんどんバージョンが上がり，機能が改良されています．

ここでは，受信するために必要な項目と，特に便利な項目を取りあげました．

解説した以外にもたくさん機能があるので，ぜひ試してみてください．

第4章
広帯域受信用ソフトウェア HDSDR

HDSDRは受信用ソフトウェアとして充分な機能を持ち，インストールしたあとの動作も安定しています．ここでは中波帯からVHF帯の受信を例にして解説していますが，同じようにUHF帯も受信することができます．

広帯域受信機用ソフトHDSDRを動作させるために，HDSDR本体とHDSDRの動作に必要になアクセス・モジュールExtIO_RTL2832.dllをインストールします．

HDSDRは多機能ゆえに細かな設定がたくさんあって，すべてを一度に解説しきれないので，BASIC編とAdvance編に分けて解説を進めます．

BASIC編では，はじめてHDSDRを使う方に向けて，とりあえず受信をすることだけを目的として必要最低限の設定を解説します．

Advance編では，HDSDRのたくさんある複雑な設定を楽しめるような解説にしてあります．

使用するパソコンのOSは，Windows 7，Windows 8，Windows 10とします．

広帯域受信用ソフトウェアHDSDRをインストールする

第2章でUSBドングル用ドライバZadigのインストールは済ませたので，ここではHDSDRをインストールします．なおUSBドングルは，パソコンのUSBポートに差し込まない状態で作業を進めていきます．

● 広帯域受信用ソフトウェア**HDSDR**をダウンロードする
①HDSDRをダウンロード

http://www.hdsdr.de/に接続します．Webサイトが表示されたら，画面左下の[Download]をクリックします．するとインストール用ファイルがダウンロードされます．ここでは原稿執筆時の最新版[Version2.76（February 02.2017）]がダウンロードされました（図4-1）．

図4-1　HDSDRのWebサイトからHDSDRをダウンロードする

②HDSDRインストール用ファイルの保存

　実行または保存の画面になるので，［保存］をクリックしてダウンロードを完了します．

③HDSDRのインストール開始

　ダウンロードしたHDSDRインストール用ファイルHDSDR_install.exeをダブルクリックすると［セキュリティの警告］画面になります．［実行R］をクリックします（図4-2）．

　パソコンの環境により［ユーザ・アカウント制御］の表示画面になることがあるので，そのときは［はい（Y）］をクリックします．

④使用許諾契約書の同意

　［使用許諾契約書の同意］画面になるので，［同意する（A）］にチェックを入れ［次へ（N）］

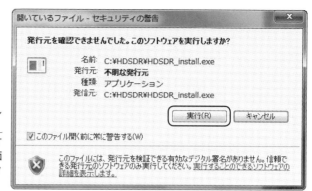

図4-2
ダウンロードしたHDSDRイン
ストール用ファイルHDSDR_
install.exeをダブルクリックす
ると[セキュリティの警告]画面
になる．[はい(Y)]をクリック
してインストールを進める

図4-3
[使用許諾契約書の同意]画
面では，契約書を読んで[同
意する(A)]にチェックを
入れ[次へ(N)]をクリック
する

をクリックします(図4-3)．

⑤インストール先の指定

　デフォルトのインストール先はC:¥Program Files¥HDSDRですが，ここでは後からイン
ストール先が探しやすいようにC:¥HDSDRに変更して[次へ]をクリックします(図4-4)．

　また，ドライバのインストール・ソフトウェアのZadigをC:¥HDSDRに移動またはコ
ピーしておくと後から見つけやすくなります．

⑥追加タスクの選択

　[アイコンを追加する]で[デスクトップ上にアイコンを作成する]にチェックを入れます

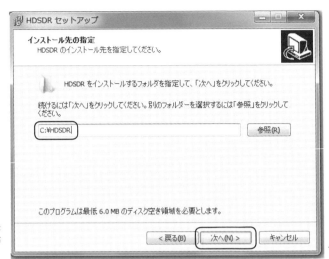

図4-4
インストール先を指定する. 後からインストール先が探しやすいようにC:¥HDSDRに変更した

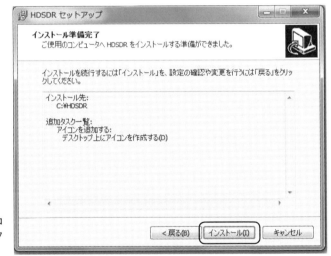

図4-5
[デスクトップ上にアイコンを作成する]にチェックを入れる

（図4-5）.

⑦インストール準備完了

　［インストール(I)］をクリックします（図4-6）.

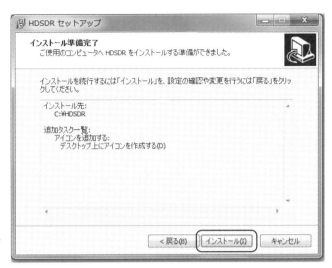

図4-6
[インストール(I)]をクリ
ックするとインストールが
始まる

チェックをはずす

図4-7
HDSDRのインストールが
完了したら, [HDSDRを
実行する]のチェックをは
ずして[完了(F)]をクリッ
クする

⑧HDSDRセットアップ・ウィザードの完了

　HDSDRのインストールが終わると, [HDSDRセットアップ・ウィザードの完了]が表
示されます. [HDSDRを実行する]のチェックを外して, [完了(F)]をクリックします(図
4-7).

アクセス・モジュールをインストールする

先ほどのHDSDR HomepageからUSDドングルの動作に必要なアクセス・モジュール ExtIO_RTL2832.dllをダウンロードして，HDSDRフォルダに移動します．
①[Hardware]から[HDSDR Homepage]の[Hardware]をクリックします（図4-8）．
②ダウンロード

開いた一覧から[RTLSDR（DVB-T/DAB with RTL2832）USB]右側の[DLL How-To]の [DLL]をクリックし（図4-9），[保存（S）]をさらにクリックして保存します（図4-10）．
③ExtIO_RTL2832.dllを移動

保存先のアクセス・モジュールExtIO_RTL2832.dllをフォルダC:\HDSDRに移動します（図4-11）．

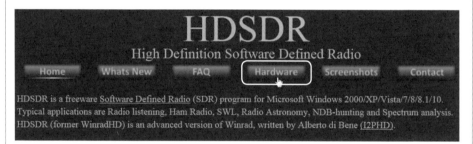

図4-8　アクセス・モジュールExtIO_RTL2832.dllをダウンロードする

Red Pitaya	Website	
RFHamFox 1 (Transfox)	DLL	December 02, 2016
RESPACE SDR-IQ / SDR-14	Download	April 11, 2013
RTLSDR (DVB-T/DAB with RTL2832) USB	DLL How-To	March 20, 2017
RTLSDR (DVB-T/DAB with RTL2832) over Network (rtl_tcp)	Website DLL / RTL TCP	
S9-C Rabbit SDR	Website	
SDR-1	Download	April 05, 2012
SDR MK1 / SDR MK1.5 'Andrus'	Website	
SDRplay	Website	
Si570 based (Softrock, FA-SDR, FiFi-SDR, Lima-SDR, PM-SDR)	Website	

図4-9　下側の表の一覧から[RTLSDR（DVB-T/DAB with RTL2832）USB]右側の[DLL How-To] の[DLL]をクリックする

hdsdr.de から ExtIO_RTL2832.dll (254 KB) を開くか、または保存しますか?
ファイルを開く(O)
保存(S)
キャンセル(C)

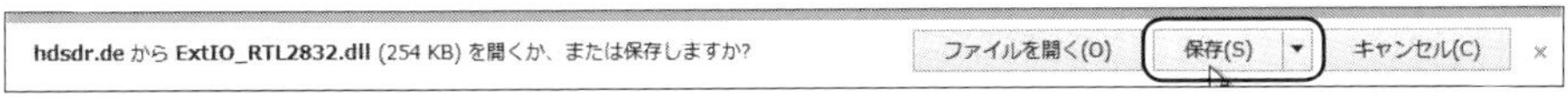

図4-10 アクセス・モジュールExtIO_RTL2832.dllは[保存(S)]をクリックする

名前
更新日時
種類
サイズ
delete_settings
2010/12/22 8:55
Windows コマン...
1 KB
ExtIO_RTL2832.dll
2018/02/06 10:26
アプリケーショ...
254 KB
HDSDR
2017/02/02 1:03
アプリケーション
5,296 KB
hdsdr_eula.rtf
2011/06/21 19:33
RTF ファイル
34 KB
hdsdr_keyboard_shortcuts
2017/02/02 0:16
HTML ドキュメ...
31 KB
HDSDR_release_notes
2017/02/02 0:55
テキスト ドキュ...
14 KB
unins000.dat
2018/02/06 10:24
DAT ファイル
3 KB
unins000
2018/02/06 10:24
アプリケーション
709 KB
zadig-2.3
2018/02/06 11:13
アプリケーション
5,037 KB

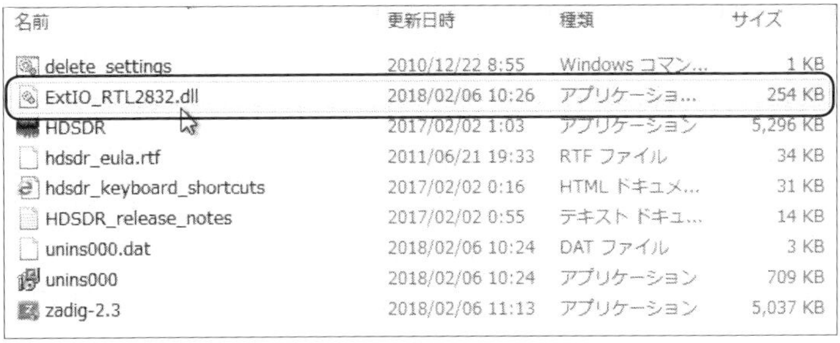

図4-11
HDSDRをインストールしたC:¥HDSDRにアクセス・モジュールExtIO_RTL2832.dllを移動する

HDSDRで受信 「BASIC編」

ソフトウェア・ラジオ受信用ソフトウェアHDSDRのインストールが完了したら，とりあえず最低限の設定だけ済ませて電波を受信してみましょう.

最初に信号が強いFM放送を受信してみます．次にエア・バンド(航空無線)を受信してみます．その後，ダイレクト・サンプリング・モードで中波帯(MW)や短波帯(SW)の低い周波数の放送を受信してみます.

● 受信前にHDSDRの設定をする

最初にHDSDRの設定をします.

USBドングルをパソコンのUSB端子に挿してください．USBドングルにはアンテナを接続します.

①HDSDRを起動

パソコン画面上のHDSDRのショート・カットをダブルクリックしてHDSDRを起動します(**図4-12**).

②デバイスの設定

HDSDRが起動したら画面左下の[Stop(F2)]パネルをクリックして受信を停止します(**図4-13**)．受信停止状態のときはパネルが[Start(F2)]の表示になります(**図4-14**)．または，ファンクション・キー[F2]を押すことでも，受信開始と停止が繰り返されます.

HDSDR.exe - ショートカット

図4-12
HDSDRのショートカット・アイコンをダブルクリックしてHDSDRを起動する

図4-13
HDSDRが起動したら設定のため，画面左下の[Stop(F2)]パネルをクリックして一度受信を停止させる

図4-14
受信をするときは，再度この[Start(F2)]をクリックする

図4-15
ExtIOをクリックして開く

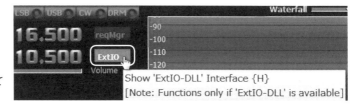

次に画面の周波数表示数字の横にある[ExtIO]クリックして開き（図4-16），[Device]の[▼]をクリックして一覧から[RTL2838]を選びます（図4-16）.

③出力のサウンド・カードを選ぶ

サウンド・カードを確認します．たいていデフォルトで適切なサウンド・カードが選ばれていますが，念のため確認してください．

画面左側の[Soundcard(F5)]パネルをクリックすると[Sound Card selection]が開きます．ここではスピーカ接続のサウンド・カードにスピーカ[Realtec High Definition]を選びOKをクリックしました（図4-17）．使っているパソコンに合わせて，音が正しく出るように設定してください．

● 広帯域受信用ソフトウェアHDSDRでFM放送を受信する

地元のFM放送を受信しながら，HDSDRの基本操作を試してみましょう．FM放送帯は76 ～ 95MHzです．

①受信モードを選ぶ

FM放送を受信するので，受信モードは[FM]にチェックを入れます（図4-18）.

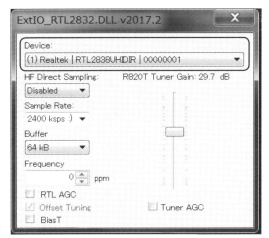

図4-16
[Device]を選ぶ

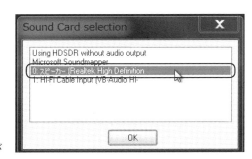

図4-17
使うサウンド・カードを選ぶ

②周波数帯域幅を設定

FM放送のワイド・バンドに対応させるために[Bandwidth(F6)]パネルをクリックして開き，[Sampling Rate[Hz]]の[Output]を[192000]に設定して[×]で閉じます．そして[FM-BW:]のスライダをマウスでクリックしてつかみ，マウスを上に動かしてスライダを移動させ[FM-BW: 192000]にします（**図4-19**）．

なお設定したOutputの192000Hzは受信帯域幅の最大値になります．またスライダを移動させることで帯域幅を2000 ～ 192000Hzに調整できます．

③RFゲインの調整

[ExtIO]をクリックして開いたパネルで[Tuner AGC]にチェックを入れ[R820T Tuner Gain:Auto]を選ぶとゲインはオート調整となります．手動で調整する場合は，チェックを

図4-18
受信モードは
[FM]にチェックを入れる

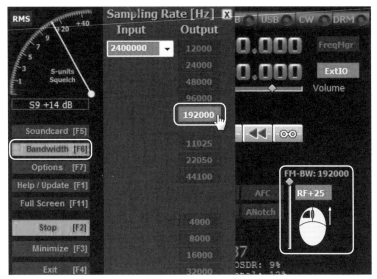

図4-19 [Output]を[192000]にして，[FM-BW:]のスライダをマウスで上に動かして[FM-BW: 192000]にする

外し，スライダをマウスでクリックしてつかみ，チューナの高周波ゲインを調整できます（図4-20）。

とりあえず25.4dBにしてみました．[R820T Tuner Gain:20 ～ 40dB]くらいにしておくと良いと思います．

ここでHDSDR画面中央下右寄りに水色の四角の中に[RF+数字]のボタンがあります．これをクリックすると，受信帯域幅[FM-BW:数字]を変更できる上下に移動できるスライダが，[Tuner Gain]のスライダに変更されます．これを使うとすぐにゲインを変更できます（図4-21）。

元の受信帯域幅調整スライダに戻すには，受信モードの[FM]を1回クリックします．

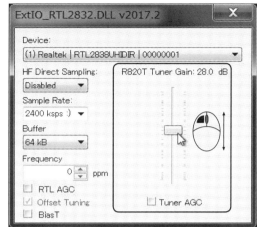

図4-20
[Tuner AGC]のチェックを外すと手動で
ゲインを調整できる

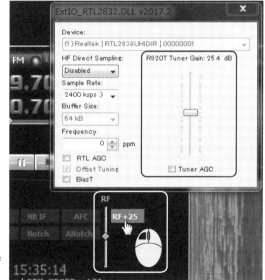

図4-21
[RF+数字]のボタンをクリックするとゲ
インをすぐに変更できる

④音量調整

　[Volume]スライダをクリックしてつかみマウスを左右に動かすと音量調整ができます
（図4-22）.

図4-22
音量は，[Volume]スライダを左右に動かして調整する

図4-23
受信周波数と局部発振周波数は，数字をマウスでクリックすると変更できる

⑤受信周波数の設定

　マウス・ポインタを局部発振周波数[LO]または受信周波数[Tune]の数字の上におくと両矢印表示になります．この状態で左クリックすると数字がUPして受信周波数が上がり，右クリックするとその桁の数字がDOWNして受信周波数が下がります．

　数字の上にマウス・ポインタをおいて，マウス・ホイールを下へ回すと数字がUPして受信周波数が上がり，上に回すと下がります（**図4-23**）．

　なお[LO]の周波数を変えると，[Tune]の周波数との差を保ったままの状態で周波数が上下することになり，[Tune]の周波数のときは[LO]の周波数は変化しません．つまり受信周波数[Tune]の変化は，局部発振周波数[LO]の周波数を中心におよそ±1.2MHzの範囲になります．たとえばLO＝82.5MHzなら，受信周波数[Tune]の変化幅は80.3～83.7MHzになります．

⑥周波数をキー・パッドで設定

　[Tune]にマウスのポインタをおいてクリックすると，キー・パッドの画面が表示されます．とりあえず[Tune]にチェックを入れてから，数字→周波数単位の順にクリックします（**図4-24**）．

　[LO]にチェックを入れると，局部発振周波数を変更できます．

⑦受信周波数を画面上で設定

　スペクトラム画面またはウォータ・フォール画面上にマウスで白[＋]マークをおいてクリックしたところが受信周波数になります．この例ではFM局79.5MHzを受信中にマウ

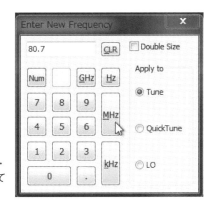

図4-24
[Tune]をクリックすると，キー・パッドで周波数を直接入力して変更できる

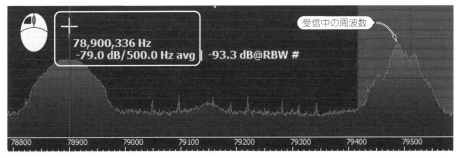

図4-25　スペクトラム画面やウォータ・フォール画面上でクリックしたところが受信周波数になる

ス・ポインタを78.9MHzにおくと白［＋］マークになります．ここでクリックすると，受信周波数が78.9MHzに変更されます（図4-25）．

またスペクトラム画面上で受信周波数の赤ラインをクリックしたままにしてマウスでドラッグし（つかみ），マウスを左右に移動して離したところが受信周波数になります（図4-26）．

⑧周波数表示を動かして受信周波数を変更する

スペクトラム画面の周波数表示にマウスのポインタをおいてクリックしたままドラッグし，マウスを左右に動かすと，［Tune］と［LO］の周波数が同時に変わります．この方法だと連続して受信周波数を変えることができます（図4-27）．

またマウス・ポインタをおいた状態でマウス・ホイールを回すと周波数表示が左右に動いて受信周波数が変わります．

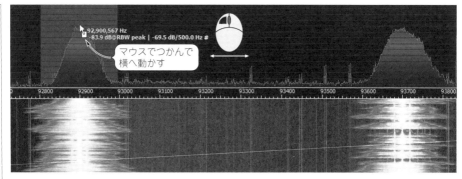

図4-26　スペクトラム画面の赤ラインは受信周波数を示し，これを左右に移動すると受信周波数を変更できる

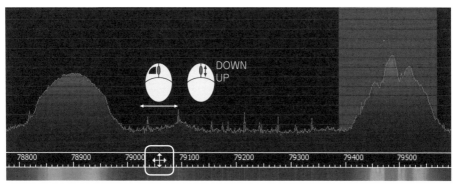

図4-27　スペクトラム画面の周波数表示のメモリを移動させると周波数が変更できる

● HDSDRでエア・バンド(航空無線)を受信する

　航空管制官とパイロットのやりとりを受信してみます．エア・バンドの周波数は118M〜137MHzですが，国内では118M〜127MHzがよく使われています．

①受信モードを選ぶ

　航空無線は，AMモードで通信しています．[AM]にチェックを入れHDSDRの受信モードをAMに変更します(図4-28)．

②高周波増幅の利得調整

　[ExtIO]をクリックするとパネルが開くので[Tuner AGC]のチェックを外し[R820T Tuner Gain :]を最大にします(図4-29)．

図4-28
受信モードを[AM]にする

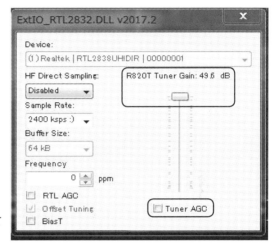

図4-29
スライダを一番上まで上げて
ゲインを最大にする

③低周波増幅の利得調整

電波を受信していない状態で[Gain]のスライダをクリックしてできるだけ右にしてお
くと，電波を受信したときの復調出力レベルに応じてゲインが自動調整されます(図
4-30)．

ゲインの自動調整をOFFにして手動で調整にするときは，[Gain]をクリックすると
[Gain:…]が赤色になり[Manual Gain Control]に変更されます(図4-31)．スライダを右へ
動かしゲインを上げていくと，過大レベルになりバーが赤色に変わります．マニュアル・
ゲインの設定値は，バーが点滅するポイントがおすすめです．

● ダイレクト・サンプリング・モードで中波/短波放送を受信する

USBドングルで受信できる周波数は，HF帯の上からUHF帯ですが，ダイレクト・サ
ンプリング・モードという機能が使えるUSBドングルは，中波帯や短波帯の下の周波数
(RTL-SDR.COMでは，500k～24MHz)を受信することができます．

ここではRTL-SDR.COMというUSBドングルを使います．受信用アンテナとして数m
の被覆電線をSMAプラグを使ってUSBドングルに接続しました．これが簡易的なロン

図4-30 電波を受信していない状態で[Gain]のスライダをクリックして
できるだけ右にしておく

図4-31 [Gain]をクリックすると[Gain:…]が赤色になり[Manual Gain Control]に変更される

グ・ワイヤ・アンテナになります.

①ダイレクト・サンプリングの設定

[ExtIO]をクリックして開いたパネルの[HF Direct Sampling]から[Q input]を選択し
閉じます. なおダイレクト・サンプリング・モードではTuner用ICチップは動作しない
ので, TunerのGain調整は無効になります.

②中波放送を受信する

受信周波数を中波帯にして地元の放送を受信してみます. ここでは1053kHzのCBC放
送(名古屋)を受信してみました. 皆さんの地元の放送局の周波数に合わせてみてください.

③短波放送を受信する

受信周波数を短波帯にして放送を受信してみます. ここでは6.055MHzのラジオNIKKEI
第1を受信してみました.

どの放送局もよく受信できました.

● HDSDRの画面表示を設定する

HDSDRの画面表示のカスタマイズ方法を紹介します．なおスペクトラムとウォータ・フォール画面は2組あり，上部の大きい画面は受信周波数(RF)で，下部の小さい画面は低周波信号(AF)画面です(図4-32)．

①スペクトラム画面とウォータ・フォール画面のサイズを調整する

受信周波数画面または低周波信号画面のバンド表示にマウス・ポインタをおき，右クリックしたままにしてマウスを上下に動かすと，スペクトラム画面とウォータ・フォール画面のサイズを変更できます．

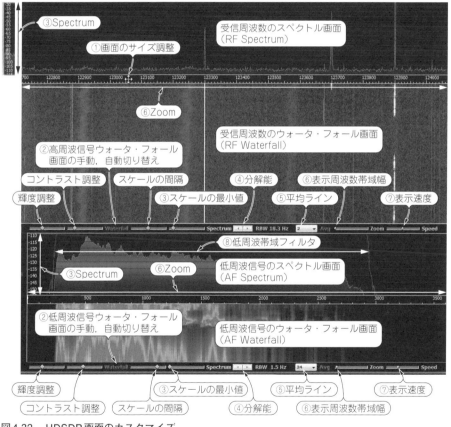

図4-32　HDSDR画面のカスタマイズ

②ウォータ・フォール画面の調整

ウォータ・フォール画面の[輝度]と[コントラスト]を調整します.

[Waterfall]をクリックするごとに,文字が青→赤→青と変化します.

青:自動調整

赤:手動調整,左スライダ-輝度調整,右スライダ-コントラスト調整

③スペクトラム・スケールの調整

[Spectrum]のスライダで,スペクトラム画面に表示するスケールの最大レベル[dB]と最小レベル[dB]を調整できます.左のスライダでスケールの間隔を,右のスライダで最小レベルを調整します.

④分解能の調整

[RBW](resolution bandwidth:分解能帯域幅)で,スペクトラムとウォータ・フォール画面の分解能を調整できます.

⑤平均ラインの調整

ウォータ・フォール画面の平均ラインを調整します.[Avg]表示が青で有効になります.

⑥表示周波数帯域幅の調整

[Zoom]で,画面上の表示周波数帯域幅の範囲を調整します.スライダを右に動かすと画面に表示する周波数帯域幅が小さくなるので詳細に表示でき,逆にスライダを左に動かすと周波数帯域幅が広くなります.

⑦表示速度

[Speed]で,スペクトラムとウォータ・フォール画面の表示速度を調整します.スライダ右で表示速度が速くなります.

⑧低周波帯域フィルタ

低周波信号のスペクトル画面上の赤ラインがフィルタの周波数です.左の赤ラインが低域周波数で,右の赤ラインが高域周波数になります.赤ラインをクリックしてドラッグ(つかんで)してマウスを左右に動かすことで,帯域フィルタの周波数が設定できます.

■ Advance編

BASIC編ではソフトウェア・ラジオ用ソフトウェアHDSDRの基本的な使い方を説明しました.

ここでは,BASIC編で説明しきれなかった機能を説明していきます.BASIC編の内容を確認しながら,HDSDRをさらに使いこなすための機能を見ていきましょう.**図4-33**の

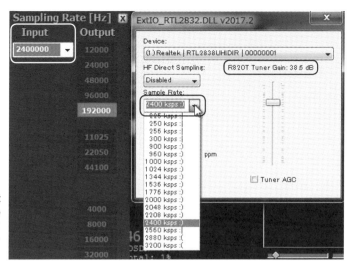

図4-33
[Device], [HF Direct Sampling], [Sample Rate], [Tuner AGC] を操作することができる

画面では，[Device]，[HF Direct Sampling]，[Sample Rate]，[Tuner AGC]を操作することができます．

● ExtIO の設定

[ExtIO]クリックして開いたパネルで，Deviceに復調用のICチップ[…RTL2832…]，その下にチューナICチップの[R820]が確認できます(図4-33).

またHF Direct Samplingは[Disabled]の状態なので，ダイレクト・サンプリング・モードではない動作，つまりアンテナで受けた外部から電波は，アンテナ→チューナ・チップ→復調チップという順で処理されます．受信周波数は，RTL-SDR.COMの場合は24M ～ 1700MHz(DT-305の場合は50M ～ 1000MHz)です．

①Sample Rate(サンプル・レート)

受信周波数スペクトラム画面に表示できる周波数帯域幅(バンド幅)が最大周波数帯域幅になります．例えば[2400ksps]に設定すると，スペクトラム画面では，80.8M ～ 82.2MHzというように，最大周波数帯域幅は2.4MHzになります．

またSample Rateは，パネル[Bandwidth(F6)]をクリックして開いた[Sampling Rate (Hz)]の[Inpit 2400000]と連動しています．

②Buffer Size(バッファ・サイズ)

Stop[F2]を押した状態で，バッファ・サイズを1k ～ 1024KBに変更できます．特に問

題がなければ，デフォルトの[64kB]のままにしておきます．

③Frequency（周波数）

受信電波の周波数とドングルの表示周波数のズレを補正できます．周波数がわかっている放送局などを受信して，ソフトウェア・ラジオの表示周波数のズレをなくします．

基準にする電波として筆者宅の近くにある中部国際空港のATIS（Automatic Terminal Information Service；飛行場情報放送業務）をHDSDRで受信して，HDSDRの周波数表示が127.075MHzになるよう補正してみました．読者の皆さんは，自分の住んでいる場所に近い放送局やATISを選んでください．

> 注：ATISとは，航空機に対して空港の気象情報を提供する無線システムで，24時間電波を出している．周波数は空港ごとに異なるので，インターネットなどで調べる必要がある．

この補正を行う場合は，パソコンの電源をONにして10分程度待ってから調整を始めるのが良いでしょう．電源をONにした直後はデバイスなどの温度変化によって周波数が不安定な場合があるからです．

まず，[Zoom]でスペクトラム画面を拡大して周波数表示の詳細がわかるようにします．次に[Speed]のスライダを右へ動かして最大にします（図4-34）．

基準にする電波の信号強度が最大になるように注意深くチューニングします．私が基準として使ったのは，航空無線の中部国際ATISという局の信号です．インターネットで調べたこの局の周波数は127.075MHzですが，HDSDRで表示した受信周波数は127.066MHzでした（図4-35）．

そこで[ppm]の[▲]と[▼]をクリックして基準電波のスペクトルを移動させて，スペクトルの位置が127.075MHzになるように調整しました（図4-36）．

④RTL AGC

復調チップRTL2838の自動利得制御（AGC；automatic gain control）を調整できます．

⑤BiasT

チェックを入れると，ダイレクト・サンプリング・モードにしたときにアンテナ端子にDC4.5Vの電源を供給します（図4-37）．これは，アンテナ→外付けアンプ→ドングル（ア

図4-34　周波数を正確に操作するために，[Zoom]でスペクトラム画面を拡大し，[Speed]のスライダを右へ動かして最大にする

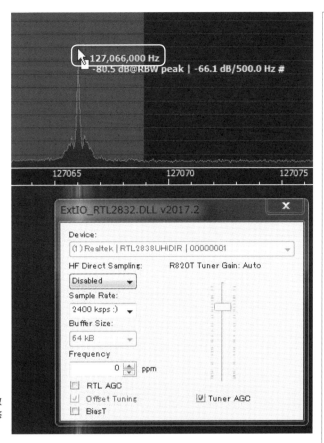

図4-35
[Frequency]で実際の周波数とHDSDRの表示周波数を修正する

ンテナ端子)の接続のときに，アンテナの同軸ケーブルを介して外付けアンプに電源を供給する機能です．身近なものではテレビのアンテナ直下型ブースタ電源と同じしくみです．ただし，この機能を使えるのは，[BiasT]に対応したドングルだけです．詳細はHDSDRのWebページの[Hardware]で公開されています．

● **Frequency Manager で周波数を記憶**

周波数と電波形式などを記憶しておくことができます．選局のときにあらかじめ記憶した局を読み込むと，瞬時にチューニングできる便利な機能です．[FreqMag]をクリック，または[CTRL+B]で開きます(**図4-38**)．

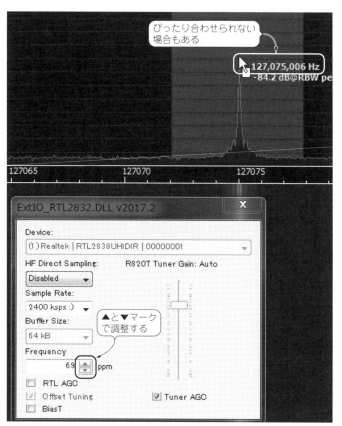

図4-36
[ppm]の数値を変更して
実際の周波数とHDSDR
の表示が同じになるよう
にする

①Ham Bandsで読み込む

開いたパネルの[Ham Bands]をクリックすると, ハム・バンドのバンド・プランに沿った周波数と電波型式に設定を呼び出して表示します(図4-39).

表示した項目の一覧から希望の項目を選びダブルクリックすると, 項目で指定された受信周波数と電波形式にセットされ, その後は一発で受信できます. ここで12メータ・バンドの24.940MHzを読み込んでみると, [LO]と[Tune]は読み込んだ周波数になり, 周波数スペクトル画面の中心周波数は[LO]の周波数の[24.940MHz]の表示になります.

②Radio Bandsをメモリする

ここで新たにFM放送局の周波数とモード, 放送局名をメモリに記憶してみます(図4-40). [LO]と[Tune]をFM放送帯の[80.0MHz]に設定すると, メモリする項目の[LO]

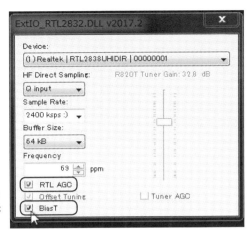

図4-37
[BiasT]にチェックを入れると，
ダイレクト・サンプリング・モ
ードのときにアンテナ端子にDC
4.5Vを供給できる

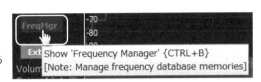

図4-38
周波数と電波形式を記憶できる
[Frequency Manager]機能

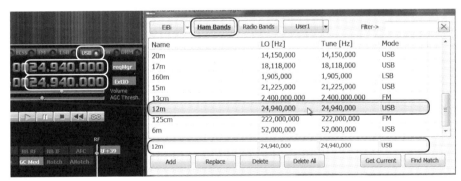

図4-39　アマチュア無線で使われている周波数と電波形式で表示できる[Ham Bands]

と[Tune]の周波数が[80,000,000]Hzになります．次に[Get Current]をクリックすると
[Name]の項が[No Name]になるので[FM]と入力します．そして[Add]をクリックする
と，[Name]とともに周波数と電波形式がメモリに記憶され一覧に表示されるようになり
ます．

図4-40　[Radio Bands]機能でFM放送局をメモリしてみる

③Userでメモリに記憶させた局を設定

　特定の周波数や電波形式をあらかじめメモリに記憶させておけば，クリック一発でメモリに記憶したデータを読み込んで受信状態にできます．

(a) メモリに記憶する領域[User1]をクリックします．なおUserは[User1 〜 User5]まで用意されています．メモリのチャネルのようなものです．好きなものを選びます．

(b) ここではワイドFM局の[東海ラジオ]をメモリに記憶させてみます．[Tune]で受信周波数を[92,900]MHzにし[Get Current]をクリックすると周波数と電波形式(Mode)が読み込まれます．ここで[No Name]の項目に放送局名[東海ラジオ(FM)]を入力して[Add]をクリックします(図4-41)．

(c) [Name][Lo[Hz]][Tune[Hz]][Mode]の各項目がメモリ表に書き込まれているのが確認できます．

(d) メモリした放送局を読み込むときは，[FreqMag]をクリックし，開いたパネルの一覧から読み込む放送局名をダブルクリックするだけです．

　なおVHF帯の24MHz以上を受信するときには[ExtIO]→[HF DIrect Sampling]を[Disabied]に設定し，中波，短波帯の受信のときは，[Q input]に設定します．

● Sメータで信号強度とスケルチ
①Sメータの指示

　Sメータ(signal strength)は，受信電波の強さを表示します．Sメータを振らす信号は，デフォルトでは実効値(RMS)ですが，Sメータ・パネルの左上の[RMS]をクリックすると，実効値から最大値(Peak)に変更できます(図4-42)．

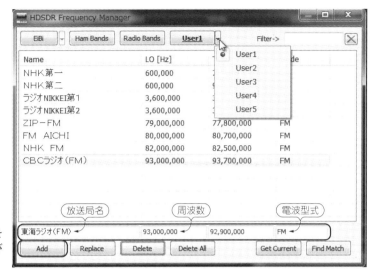

図4-41
メモリに記憶させた局を一発で呼び出せる[User]

図4-42
Sメータの表示を，デフォルトの実効値(RMS)表示を最大値(Peak)表示に変更できる．Sメータ・パネルの左上の[RMS]をクリックする

②スケルチ・レベル

　受信電波がないときに，受信機から「ザー」という雑音が聞こえます．この音は耳障りなので，スケルチ(Squelch)機能を使って電波を受信していないときは無音になるように設定してみます．スケルチ・レベルで信号と雑音の境目のレベルを調整します．

(a) スケルチ・レベルの自動(Automatically)調整

　電波を受信していない状態で，Sメータの目盛り上でマウスを右クリックします．スケルチ・レベルは現在のSメータの振れより少し大きな値にセットされ，スケルチON(無音)の状態になります．

(b) スケルチ・レベルの手動(Manually)調整

　スケルチ・レベルの設定位置をマニュアル(手動)で調整する場合，Sメータのメモリ上で左クリックします．またSメータのメモリ[0]を左クリックするとスケルチはOFFになります．

● 信号処理の設定

　復調信号を聞きやすくすることができます．ただ信号処理機能の効果を強くすると，信号そのものにも影響がでて音質や音量が変化することもあります．調整には多少コツが必要ですが，試しているうちに慣れると思います(図4-43)．

①NR(noise reduction：ノイズ・リダクション)

　信号に含まれる雑音を低減することができます．[NR]ボタンをクリックすると画面にNR調整用のスライダが表示されます．スライダを上に動かすとNRの効果が大きくなります．雑音が小さくなるように調整して使います．

②NB RF(noise blanker radio frequency)

　信号に含まれるパルス性のノイズを軽減する機能です．この機能が働いている瞬間は無音になります．この機能はドングルのチューナ・チップでの動作になります．[NB RF]ボタンをクリックすると調整用のスライダが表示されるので，スライダを動かしてパルス製のノイズが軽減するポイントを探します．

③NB IF

　NB RFと同様の動作を，中間周波数(IF：intermediate frequency)で，つまりドングル内の復調ICチップで動作させる機能です．

④AFC(automatic frequency control：自動周波数制御)

　放送局の周波数と広帯域受信用ドングルの受信周波数が一致するように，周波数を自動制御する機能です．ドングルの受信周波数が変動したとき，放送局の周波数に一致させる動作をします．

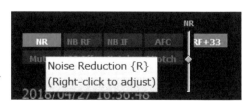

図4-43
[信号処理の設定] NR(ノイズ・リダクション)，NB RF(ノイズ・ブランカ)のON/OFF

⑤Mute（ミュート）

　FMモードのように，受信信号がないときに発生する雑音に対して有効です．

⑥AGC（automatic gain control：**自動利得制御**）

　受信信号の強さに応じて，高周波または中間周波回路の利得を調整します．FMモードでは動作しません．また［AGC］ボタンをクリックすると時定数が［off→Fast→Mid→Slow］と順番に変化します．短い時間で信号の強さが変化するときは［Fast］に，逆に変化が遅いなら［Slow］に設定します．

⑦Notch（notch fikter：**ノッチ・フィルタ**）

　特定の周波数の信号を減衰させる周波数帯域幅が狭い帯域減衰フィルタです．［Notch］ボタンをクリックすると動作します．

（a）ノッチ・フィルタの設定

　AFのスペクトラムまたはウォータ・フォール画面でクリックするとノッチ・フィルタの特性表示の赤ライン表示になり，ノッチ・フィルタが有効になったことがわかります．

（b）フィルタの解除

　再度［Notch］ボタンをクリックすると，ノッチ・フィルタを解除できます．

⑧ANotch（automatic notch filter：**自動ノッチ・フィルタ**）

　ノッチ・フィルタの自動設定機能です．特に信号にビート音が混じっているときに効果があります．

● オプションの設定

　オプションは，デフォルトのままでもHDSDRの一般的な使用に支障はありませんが，オプションの中には知らないともったいない便利な機能があります．ここでは，特に利用価値の高い機能を中心に説明します．

　まず［Opentions［F7］］クリックしてパネルを開きます（**図4-44**）．

①Select Input

　入力デバイスを確認できます．たとえば［WAV FIle］をクリックするとHDSDRで受信記録したファイルが表示されます．特に必要がなければこのままにしておきます．また認識しているドングルの復調用ICチップ［Generic RTL2832U OEM］の確認ができます（**図4-44**）．

②Visualization

　HDSDRのホーム画面の設定ができます．

（a）RF Display　［Opentions［F7］］→［Visualization］→［RF Display］をクリックすると高

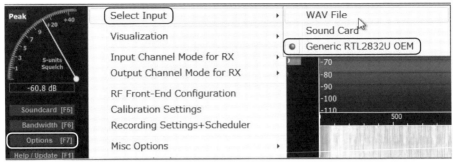

図4-44　[Select Input]でUSBドングルの使用チップを確認できる

図4-45
[Spectrum Type]
でスペクトラムの
表示をピーク値で
示すか平均値で示
すかを選択できる

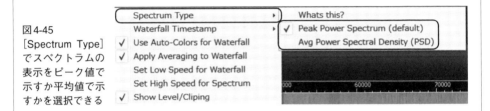

　周波のスペクトラム画面のタイプ，ウォータ・フォール画面のタイム・スタンプの設
定や，画面上の配置や色などが設定できます．

● Spectrum Type

　スペクトラムの表示方法をピーク値／平均値のどちらかを選択できます（図4-45）．［RF
Display］→［Spectrum Type］をクリックして開き，［Peak Power Spectrul（defauit）］にチ
ェックを入れるとスペクトラム画面のレベルがピーク値表示に，［Avg Power pectral
Density］にチェックを入れると平均値表示になります．

● Waterfall Timestamp

　ウォータ・フォールの画面に時間の表示を追加できます（図4-46）．［Waterfall Timestamp］
から［Off］，［Left］，［Right］のどれかを選びます．［Left］にすると，ウォータ・フォール
画面の左側に時間表示されます．

● Use Auto-Colors for Waterfall

　ウォータ・フォール画面に自動で色付けをする機能です．自動では［Waterfall］の文字
が赤色に，自動を外すと水色になります．［Waterfall］の文字をクリックすると，自動切
り換えもできます（図4-47）．

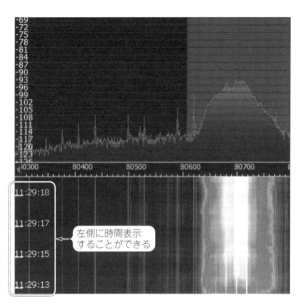

図4-46
[Waterfall Timestamp]
でウォータ・フォール
の画面に時間表示を追
加できる

左側に時間表示
することができる

図4-47
[Use Auto-Colors for Waterfall]
ウォータ・フォール画面の色を
変更できる

• Apply Averaging to Waterfall

　ウォータ・フォール画面の表示を平均値表示にします．平均値表示にすると瞬間的なレ
ベル変動に対応しないので，帯のような表示になります．

• Set Low Speed for Waterfall/Set High Speed for Spectrum

　ウォータ・フォール画面の表示速度を変更できます．

(b) AF Display

　低周波画面のスペクトラムのタイプ，ウォータ・フォール画面のタイム・スタンプの設
定や，画面上の配置や色などが設定できます．ほぼ[RF Disply]と同じ方法で設定できま
す(図4-48)．

(c) FFT Windows

　波形処理のための高速フーリエ変換(fast Fourier transform)のタイプを指定できます．

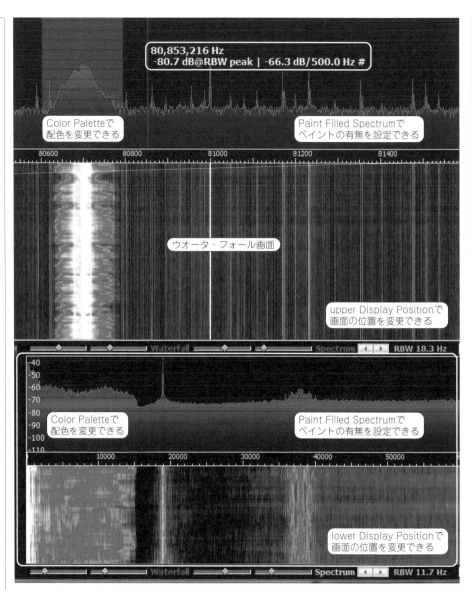

図4-48 ［AF Display］は，スペクトラムのタイプ，ウォータ・フォール画面のタイム・スタンプの設定や，画面上の配置や色などを設定できる

(d) Color Palette

　スペクトラム画面の色を設定します．たとえば配色を変えてグレー・スケールにすることもできます．

(e) Paint Filled Spectrum

　スペクトラム画面のフィールド部分のペイントを設定できます．

(f) Informations on Mouse Position

　スペクトラムまたはウォータ・フォール画面上にマウス・ポインタをおいたとき，周波数やレベルなどを表示するか/表示しないかを設定します．

(g) Show upper Display/Show lower Display

　HDSDR起動時のホーム画面を設定できます．上部のRF画面のみ表示/下部のAF画面のみ表示などが選べます．

(h) Swap Spectrum/ Waterfall Position

　スペクトラム画面とウォータ・フォール画面の表示位置を変更できます．

(i) Swap Upper/Lower Display Position

　RF画面とAF画面の位置を入れ替えることができます．

③Input Channel Mode for RX

　入力信号(I信号，Q信号)を設定します．通常はデフォルトの設定のままで構いません．

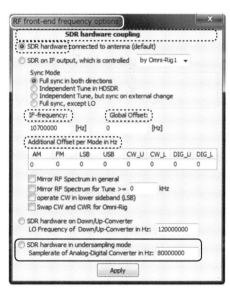

図4-49
[RF Front-End Frequency options]ドングルのチューナ・チップの設定，I/Q信号の設定などができる．周波数コンバータを使用する場合に周波数をオフセットする場合もここで設定する

④ Output Channel Mode for RX

出力信号(I信号, Q信号)を設定します. 通常はデフォルトで使用します.

⑤ RF Front-End Configuration (SDR hardware coupling)

フロントエンド(チューナ用ICチップ)の設定をします(図4-49).

(a) SDR hardware connected to antenna

ドングルにアンテナを接続して受信します.

(b) SDR on IF output,which is controlled by Omni-rig1

おもにパソコンとCAT対応の無線機器をUSB接続して制御する場合に設定します.

• Sync Mode

同期モードを設定します. HDSDRと無線機器の同期方式が設定できます.

• IF-frequency

無線機器の中間周波数を設定できます.

• Global Offset

局発(Lo)の周波数とTuneの周波数をずらしてスパイクの発生をおさえる場合に使うことがあります.

• Additional Offeset per Mode in Hz

復調モード毎の周波数のオフセットを設定できます.

(c) SDR hardware on Down/Up-Converter

周波数コンバータを使うときに, ここにチェックを入れて[Lo Frequency Down/Up-converter in Hz:]に変換周波数を入力します. 周波数のプラス/マイナスができます.

(d) SDR hardware in undersampling mode

A-Dコンバータを設定できます. サンプリング周波数を指定できます. 通常は, デフォルトのままで構いません.

⑥ Calibration Setting

周波数, 信号レベル, 信号のバランスなどの校正ができます.

(a) LO frequency Calibration

受信時のドングルの周波数を校正できます. これは[ExtIO]の[Frequency]と同じ働きですが, [Frequency correction ppm]では1/100ppm単位で細かく校正できます(図4-50). 周波数がわかっている電波を基準にしてHDSDRの周波数表示のずれを補正できます.

ここでは, p.82と同様に航空無線の(e)[中部国際ATIS]127.075MHzを受信し, 受信周波数が表示周波数になるように補正します. この作業は, HDSDRを起動後10分程度した

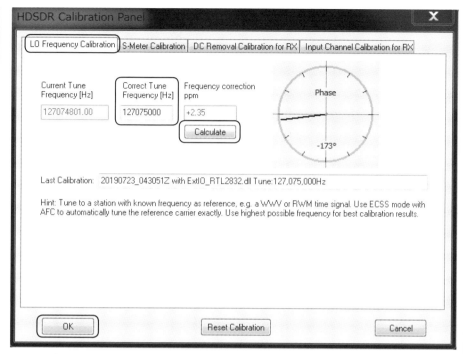

図4-50 ［HDSDR Calibration Panel］の［LO Frequency Calibration］で周波数，信号レベル，信号のバランスなどが校正できる

後に調整を始めるのがよいです．また，**図**4-34のように［Zoom］でスペクトラム画面を拡大して周波数がこまかく調整できるようにして作業するのがよいでしょう．［Speed］のスライダも右に移動させ，表示スピードを最大にします．

- HSDSDRのスペクトラム画面で127.075MHz付近の中部国際ATISを受信感度が最大になるように受信します．
- HDSDRの表示周波数が［Current Tune Frequency=127,074,801Hz］なので，校正後の周波数［Correct Tune Frequency=127,075,000Hz］を入力して［Calsulte］→［Ok］をクリックします．

（b）S-Meter Calibration

入力信号レベルとSメータの信号レベルを校正します（**図**4-51）．校正にはSSG（standard signal generator：標準信号発生器）または受信レベルが確認できる無線機器が必要です．ここではTuner Gainを30dBにして，SSGの周波数100MHz，出力レベル−80dBmで校正

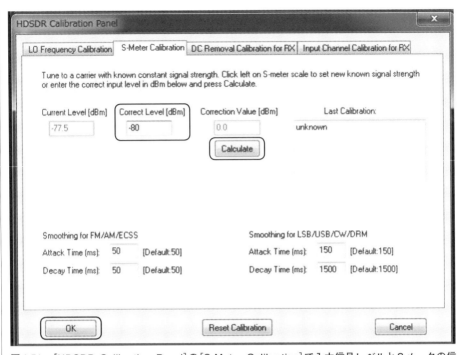

図4-51 [HDSDR Calibration Panel]の[S-Meter Calibration]で入力信号レベルとSメータの信号レベルの校正ができる

図4-52
Sメータの信号レベルの校正後の例．校正には測定器または，受信レベルが正確な無線機器が必要

しました．

　Sメータは，[Current Level = −77.5dB]だったので，校正後のレベル[Correct Level = −80dB]を入力して[Calculate]→[Ok]の順にクリックしました（図4-52）．

(c) DC Removal Calibration for RX

　局部発振回路(LO)のスパイク・ノイズを減衰することができます．ここでは，LO =

（a）局部発振回路のスパイク・ノイズの影響を減らすことができる

（b）局部発振回路のスパイク・ノイズの効果例

図4-53 ［DC Removal Calibration for RX］の設定

99.7MHzとするとスペクトラム画面にLOの成分が表示されています（**図4-53**（a））.

- デフォルトの［Mode:Off］の画面で，［Off］をクリックすると［IIR-Highpass（Auto）］→［Constant（on）］の順に表示が変わります．［IIR-Highpass（Auto）］または［Constant（on）］に設定すると，**図4-53**（b）のようにスパイク・ノイズを減衰することができます．通常は［IIR-Highpass（Auto）］にしておきます．

（d）Input Channel Calibration for RX

I信号，Q信号のバランスを調整します．スペクトラム画面上にLOを中心にイメージ信号が発生したときに，［Amplitude］スライダと［Phase］スライダを交互に調整してイメージ信号を減衰させます．なお［Raw］スライダで大きく，［Fine］スライダで細かく調整できます（**図4-54**）.

⑦Recording Setting and Scheduler

レコーディング（録音，録画）ファイルの型式と，録音スケジュールの設定です（**図4-55**）.たくさん設定する箇所があるので，特に覚えておくと便利だと思われる設定を説明します．

（a）Recording Directory

- Signal

レコーディングする信号源を設定します.

RF：RFスペクトラム画面を含めてレコーディングします．スペクトラム画面全体が記録されているので，再生時はスペクトラム表示のバンド内で選局できます．

IF：IF信号を記録します.

AF：低周波（音声）信号のみを記録します．［RF］のレコーディングに比べてファイルの容量を小さくできます．

- Format/Sampling Type/File split conditions

ファイルのフォーマット型式/サンプリング・タイプ/ファイルの分割方法を指定します.

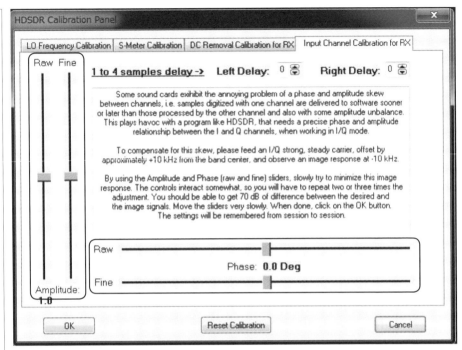

図4-54　[Input Channel Calibration for RX]I信号，Q信号のバランス調整ができる

(b) Recording Scheduler

レコーディング・スケジュールなどを設定できます.

- [Start]レコーディング開始の年月日と時間
- [Stop]終了の年月日と時間
- [LO frequency][Tune frequency]受信周波数
- [Modution]電波型式
- [After recordig]スケジュール・レコーディング終了後の動作
- [Recording Mode]信号源(RF/IF/AF)を選択
- [Add task]→[OK]で設定完了です.

⑧ Misc Options

(a) Autostart

HDSDRを起動したときに[start(F2)]をクリックしなくても受信動作を開始するように

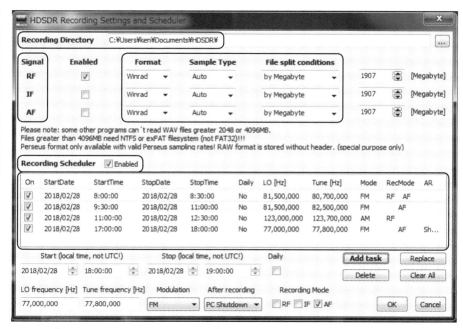

図4-55 ［Recording Setting and Scheduler］受信音を録音するファイル形式と録音スケジュールの設定

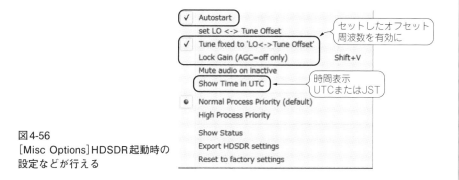

図4-56
［Misc Options］HDSDR起動時の
設定などが行える

セットできます（**図4-56**）．

（b）set LO<->Tune Offset

LOとTuneのオフセット周波数を入力します．

(c) Tune fixed to 'LO<->Tune Offeset

　チェックすると周波数のオフセットが有効になるので，［LO］と［Tune］のオフセットを周波数を保ったまま連続的に周波数を変更できます．

(d) Lock Gain（AGC=off only）

　チェックで画面上の［Gain］バーが赤色になりゲイン・コントロールを手動で調整できます．ただしFMモードでは使えません．

(e) Mute audio on inactive

　チェックしHDSDR表示画面以外をクリックするとMute（消音）します．HDSDR画面クリックするとMuteが解除され音が出力されます．

(f) show Time UTC

　時刻をUTC表示にできます．

(g) Normal Process Priority（default）/High Process Priority

　ソフトウェア動作の優先を選択できます．HDSDRを他のソフトと同じように処理するか，またはHDSDRを優先処理するかを選択できます．

(h) show Status

　HDSDRの環境，動作状況を表示します（**図4-57**）．

(i) Export HDSDR setting

　現在のHDSDRの設定を保存します．

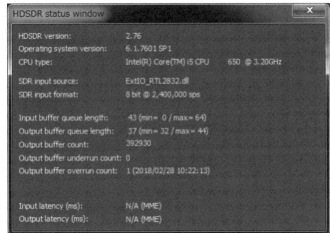

図4-57
[show Status]HDSDR
の環境，動作状況を表示
する

（j）Reset to factory setting

　HDSDRの設定を初期状態に戻します．

⑨Mouse Wheel

　マウス・ホイールの設定をします（図4-58）．

（a）Direction：Default/Inverted

　マウス・ホイール回転方向を下で：周波数UP/周波数DOWNできます．

（b）Mode：Tune/LO

　マウス・ホイールの回転で：Tuneの周波数/TuneとLOの周波数が同時に変化させることができます．

（c）Step（Menu）

　マウス・ホイールの回転に対する周波数ステップを設定できます．

⑩DDE to HDSDR

　外部機器を使う場合，Windowsパソコンと他の機器との通信用プロトコルを設定できます．

⑪CAT to Radio［Omini-Rig］

　CAT対応の無線機器との接続用ソフトのインストールと設定ができます．

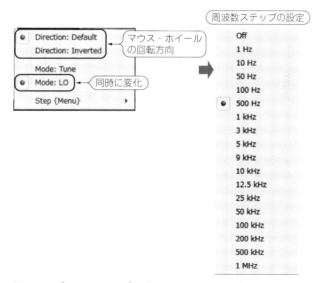

図4-58　［Mouse Wheel］マウス・ホイールの設定ができる

図4-59　HDSDRの画面表示をフルスクリーン/最小化の設定

⑫ CAT to HDSDR

　CAT対応の無線機器とHDSDRをシリアル・ポート接続するときに設定します.

⑬ TX

　CAT対応の無線機器を接続して送信するときの設定です.

● Help/Update[F1]

　HDSDRのホームページ, その他関連したホームページに接続できます.

● Full Screen[F11]

　HDSDRの画面表示をフルスクリーンにします(図5-59).

● Minimize[F3]

　HDSDRの画面表示を最小化します.

第5章

ソフトウェア・ラジオで気象衛星 NOAAの電波を受信してみよう

気象衛星 NOAA の受信には，これまで専用受信機が必要でした．ここでは専用受信機を使わずに，広帯域受信用ドングル＋受信用ソフトウェアの出力信号を NOAA 受信用ソフトウェアに入力することで専用受信機の代わりにします．

この章では，ソフトウェア・ラジオでアメリカの気象衛星 NOAA から送られてくる地球の画像を受信してみます．第3章または第4章で解説したソフトウェア・ラジオ SDR# と HDSDR で受けた信号を NOAA 受信用ソフトウェアで処理して衛星が撮影して送ってきた画像を取り出します．

気象衛星 NOAA とは

気象衛星 NOAA の開発と打ち上げは NASA（アメリカ航空宇宙局：National Aeronautics and Space Administration）が行い，打ち上げ後の管理業務は NOAA（アメリカ海洋大気圏局：National Oceanic and Atmospheric Administration）が行っています．気象衛星 NOAA などからのデータを使って，気象変動の観側や災害警報の発令，気象予報などの業務も行っています．

● 気象衛星 NOAA の軌道

気象衛星 NOAA は北極と南極を通る衛星で，極軌道気象衛星（POES：Polar Operational Environmental Satellite）と呼ばれています．

NOAA は，図5-1のように赤道に対してはほぼ90°または270°の軌道を人工衛星としては低軌道となる約810km上空を，東西方向に移動しながら地球を一周しています．軌道が少しずつ東西方向に移動し周回を重ねることによって地球全体を観測します．

このような理由から，気象衛星 NOAA は常に軌道が変わるため，NOAA の信号を受信するには，衛星の動きを追尾できる回転式か，または，全方向から来る電波をとらえられる無指向性アンテナが使われます．

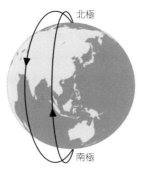

北極

NOAA19：137.10MHz
NOAA15：137.62MHz
NOAA18：137.912.5MHz

南極

図5-1
気象衛星NOAAの軌道

NOAAは，北極と南極の上空を通過する極軌道気象衛星．
高度約870kmの低軌道を周回しながら東西に軌道を変えて
地球全体を観測する

● 気象衛星NOAAから発射される電波

　NOAAから発射される電波は137MHz帯のVHF（超短波：Very High Frequency）と1.7GHz帯のSHF（マイクロ波：Super High Frequency）です．VHFはSHF帯で伝送される画像よりも解像度が低い画像データの伝送に使われています．モードはFM（周波数変調：Frequency Modulation）です．SHFのモードはPM（位相変調：Phase Modulation）です．SHFのPM波よりもVHF帯のFM波のほうが簡単に受信できそうなので，こちらを受信してみましょう．

　受信周波数は，NOAA19号が137.1MHz，NOAA15号が137.62MHz，NOAA18号が137.9125MHzです．

　気象衛星NOAAから送られてくるFM電波はSCFM（Sub Carrier Frequency Modulation：副搬送波周波数変調）という方式で，**図5-2**のようにAPT（自動画像送信：Automatic Picture Transmissin）と呼ばれる2400Hzの副搬送波（サブキャリア：sub carrier）を信号波で振幅変調し，振幅変調した副搬送波で137MHz帯の搬送波（キャリア：carrier）を周波数変調しています．ドップラー効果を考慮するとNOAAを受信する際の周波数帯域幅は，30k 〜 50kHz程度です．

● 気象衛星NOAAのセンサと観測対象

　表1-1は，気象衛星NOAAに搭載している光学センサのチャネルと観測対象です．雲や海面の温度，植物指数などをデータ化して電波で送っています．受信側では復調して得られたデータをパソコンで処理して画像化します．

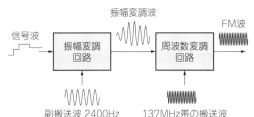

図5-2
NOAAが送信している
APT信号

振幅変調波

FM波

信号波

振幅変調
回路

周波数変調
回路

副搬送波 2400Hz　　137MHz帯の搬送波

画像データの信号波で2400Hzの副搬送波を振幅変調し，
この振幅変調で137MHz帯の搬送波を周波数変調する

表1-1　NOAAに搭載されている光学センサと観測対象

光学センサの チャネル		観測対象	観測光	波長 $[\mu m]$
1		昼　雲，雪，氷	可視光	0.58 ～ 0.68
2		昼　雲，水，植物	近赤外線	0.725 ～ 1.10
3	A	昼　雲，氷，地表	近赤外線	1.57 ～ 1.64
	B	夜　雲，熱源	中赤外線	3.55 ～ 3.93
4		雲　海面温度	遠赤外線	10.30 ～ 11.30
5		雲　海面温度	遠赤外線	11.50 ～ 12.50

　光学センサで，地表面の物体から反射または放出される可視光や赤外線を測定しています．物体によって可視光や赤外線の波長は異なっているので，光学センサのデータを組み合わせることで雲，海面，植物などが判別でき，また表面温度のデータも得ることができます．

気象衛星NOAAの受信システム

　図5-3は，気象衛星NOAAの受信に必要なハードウェアとソフトウェアです．気象衛星NOAAの電波が受信できれば，あとはソフトウェアにまかせるというシステムです．

● アンテナは屋外設置の無指向性
　地上から見ると，気象衛星NOAAは北または南の地平線から表れて上空を通過し南または北の地平線に消えていきます．その間およそ10分です．気象衛星NOAAはこの方向で少しずつ経度をずらしながら全方位に移動しています．この動きを正確に追尾するにはアンテナ・システムが大掛かりになってしまいます．そこで，とりあえず受信するために

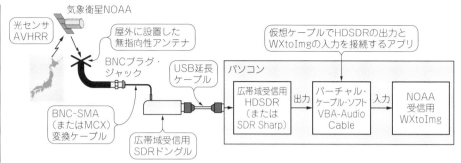

ハードウェアは屋外アンテナ＋SDRドングル＋パソコン．ソフトは広帯域受信用HDSDR＋NOAA受信用WXtoImg．そしてバーチャル・ケーブル・ソフトVBA-Audio Cableを使う

図5-3 気象衛星NOAAの受信に必要なハードウェアとソフトウェア

無指向性のアンテナを使ってみます．

● 広帯域受信用ソフトのHDSDRを使用

広帯域受信機のSDR用のソフトウェアとして，細かい設定ができるHDSDRを使いました．もちろんSDR#でも問題はありません．

● NOAA受信に必要なWXtoImg

HDSDRでNOAAの発する電波を受信します．気象衛星NOAAの発する電波にAPT信号と呼ばれるデータが含まれています．このデータを処理して画像に変換するのが，WXtoImgというNOAA受信用ソフトウェアです．無料のフリー・ソフトウェアですが，課金すると機能を増やすことができます．ここで紹介する使いかたの範囲なら，課金しなくてもフリー・ソフトウェアの状態で同じことができます．

● HDSDRの出力とWXtoImgの入力をVBA-Audo Cableで接続

VBA-Audo Cableはバーチャル・ケーブル・ソフトと呼ばれ，HDSDRの出力とWXtoImgの入力をパソコン内で接続できます．つまりパソコンのオーディオ出力端子と入力端子をケーブルで接続しなくても，ソフトウェアの仮想ケーブルで接続してくれます．

このソフトウェアの機能は，フリーで使える機能と有償でないと使えない機能がありますが，接続するだけならフリー・ソフトウェアの状態で使えます．

NOAAレシーバに必要なソフトウェアをダウンロード

● NOAA受信用ソフトウェアWXtoImgをダウンロードする

①Webサイトに接続

https://wxtoimgrestored.xyz/にブラウザでアクセスして図5-4のようなWebサイトを開いて，[Version 2.11.2]または[Version 2.10.11]の青色の[DOWNLOAD.]をクリックします．

②OSを選択

図5-5のようなダウンロードするソフトウェアの対応OSを選択する画面になるので，[windows]をクリックします．なおOSはWindows，Mac，Linuxに対応しますが，WindowsではWindows 95からWindows 8までの対応になっています．対応外のWindows 10では[Version 2.11.2]での動作を確認しましたが，不安定になることもあります．

③ダウンロードの開始

ダウンロードをクリックすると，図5-6のようなファイルの[実行(R)]または[保存(S)]の画面になるので，[実行(R)]をクリックしてダウンロードを開始します．途中で[ユーザーアカウント制御]画面が表れたら，[実行(R)]をクリックして先へ進みます．

④インストール

図5-7のインストール[Welcome to the WXtoImg…]になったら，[Next]クリックしま

WXtoImg Restored

software to decode APT and WEFAX signals from weather satellites

Home   Images   Hardware   Downloads   Support   Other Software

WXtoImg

The world's best weather satellite (WXsat) signal to image decoder

NOTE: This site is not affiliated with the original WXtoImg Project, and is merely an attempt to provide a place for people to download the software (as it seems the original developer has abandoned the project.)

As of 8/1/18, there are still a few missing files, including:

wxtoimg-linux-amd64-2.11.2-beta.tar.gz
Beta Quick Start Guide

If anyone has either of these files, please get in touch by emailing adinbied@gmail.com with the info.

2018 Professional Edition Upgrade Key
Given that the original dev seems to have wanted to make the full version available to everyone before disappearing, I'm putting a valid license key/info here - if someone wants this removed, feel free to get in touch and I'll take it down.

        Full Name: Kevin Schuchmann
        Email Address: your email address
        Upgrade Key: CGHZ-PP9G-EAJZ-AWKK-NDNX

Simply connect a 137-138MHz FM communications receiver, scanner, or weather satellite receiver to your soundcard and get stunning colour images directly from weather satellites. The only other item you'll need is an antenna for receiving the circularly polarised signals.

WXtoImg is a fully automated APT and WEFAX weather satellite (wxsat) decoder. The software supports recording, decoding, editing, and viewing on all versions of **Windows**, **Linux**, and **Mac OS X**. WXtoImg supports real-time decoding, map overlays, advanced colour enhancements, 3-D images, animations, multi-pass images, projection transformation (e.g. Mercator), text overlays, automated web page creation, temperature display, GPS interlacing, wide-area composite image creation and computer control for many weather satellite receivers, communications receivers, and scanners.

WXtoImg Version 2.11.2 Beta Available
Many improvements, including ALSA audio support under Linux and Banana Pi (and other ARM) support can be found in the 2.11.2 beta DOWNLOAD.

WXtoImg Version 2.10.11 Released
The latest stable version is 2.10.11 DOWNLOAD.

図5-4　NOAA受信用ソフトウェアWXtoImgのWebサイト

WXtoImg

software to decode APT and WEFAX signals from weather satellites

Home　Images　Hardware　Downloads　Support　Other Software

WXtoImg Downloads

Latest Beta Version

- Version 2.11.2: Linux ALSA audio support, Linux running on ARM processors, bug fixes, and improved scripting (wxpdone) support..

Download WXtoImg version 2.10.11
Note: when upgrading do not uninstall WXtoImg first, just exit WXtoImg and install the new version over the old.

- **Windows**: Install package for Windows 95/98/ME/XP/2000/NT/2003/Vista/7/8 on Intel and compatible processors (8.52MB).
- **Mac OS X**: Universal Binary for MacOS X 10.4 and later on Macintosh G4, G5 and Intel processors (16.9MB).
- **Linux .deb package**: for Ubuntu, Debian and other Linux with dpkg support on Intel and compatible processors (8.02MB).
- **Linux RPM**: for RedHat and other RPM compatible Linux on Intel and compatible processors (8.00MB).
- **Linux/FreeBSD tar.gz**: for Slackware and other Linux without package support and for FreeBSD with Linux compatibility on Intel and compatible processors (8.06MB).
- **64-bit Linux tar.gz**: for Ubuntu 8.10 amd64 and other new 64-bit Linux on Intel and AMD64 processors (8.51MB).

図5-5　ダウンロードするNOAA受信用ソフトウェアWXtoImgのOSを選択

wxtoimg.com から **wxinst21011.exe** (8.53 MB) を実行または保存しますか？　　　実行(R)　　保存(S)　▼　　キャンセル(C)　×

図5-6　NOAA受信用ソフトウェアWXtoImgのダウンロードを開始

図5-7
インストール開始

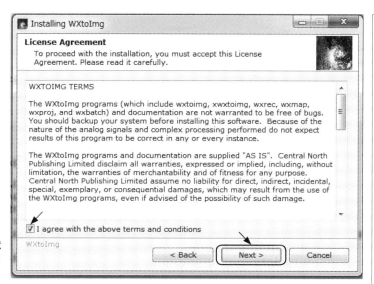

図5-8
ライセンスに同意
して[Next]をクリ
ック

す. すると**図5-8**のライセンスの同意[License Agreement]画面になるので, [I agree…] にチェックを入れ[Next]をクリックします.

⑤**インストール先の確認**

図5-9のような[Cドライブ]にインストールする表示になったら, [Next]をクリックしてインストールを開始します.

⑥**インストールの終了**

図5-10の[Finish]をクリックして, インストールを終了します.

⑦**ショートカット・アイコン**

パソコンのデスクトップに, **図5-11**のようなWXtoImgのショートカット・アイコンが作成されます.

● **VB-Audio Cable**のダウンロード

①**Web**サイトに接続

https://www.vb-audio.comにブラウザでアクセスして**図5-12**(a)のVB-Audio Software のWebサイトに接続します. 画面上部の[Audio Apps]をクリックすると**図5-12**(b)が表示されるので, スクロールしてオレンジ枠の[Download]をクリックします. すると**図5-12**(c)が表示されるので, [保存]をクリックしてダウンロードを開始します.

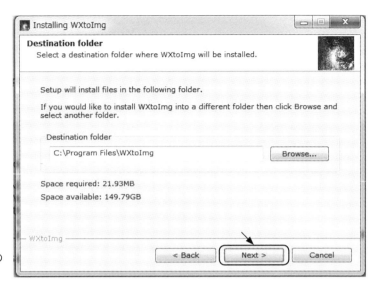

図 5-9
インストール先の
確認

図 5-10
インストール終了

図 5-11
WXtoImgのショートカット・ア
イコン．このアイコンをクリッ
クするとWXtoImgを起動できる

（a）VB-Audio SoftwareのWebサイト

（c）［保存］をクリックしてダウンロードを開始

（b）バーチャル・ケーブル・ソフトウェアVB-Audio Cableのダウンロード・ページ．このページのずっと下のほうに［Download］ボタンがあるので注意．ファイル名を確認すること

図5-12　VB-Audio Cableのダウンロード方法

図5-13
圧縮ファイルHiFiCableAsioBridgeSetup_
v1007.zip（原稿執筆時）があるので右クリ
ックしてファイルを展開する

HiFiCableAsioBr
idgeSetup_v100
7

名前	種類	圧縮サイズ	パスワー...	サイズ	圧縮率	更新日時
HiFiCableAsioBridgeSetup	アプリケーション	3,913 KB	無	4,659 KB	17%	2015/03/17 9:53

（a）展開したファイル[HiFiCableAsioBridgeSetup]をクリック

（b）[Install]をクリックして
　　インストールを開始する

（c）[ASIO Bridge Installation]の
　　[OK]をクリックする

図5-14　VB-Audio Cableのインストール

②圧縮ファイルを展開

ダウンロード先に，図5-13の圧縮ファイルHiFiCableAsioBridgeSetup_v1007.zip（原稿執筆時）があるので右クリックしてファイルを展開します．

③インストールの開始と終了

図5-14(a)のように展開したファイルHiFiCableAsioBridgeSetup.exeをクリックします．図5-14(b)のインストール画面になるので，[Install]をクリックしてインストールを開始します．

インストールが終了すると，図5-14(c)のように[ASIO Bridge Installation]になるので[OK]をクリックします．

なおインストールしたVB-Audio Cableのファイル名は，ASIO Bridge and Hi-Fi Cableです．このVB-Audio Cableは，常駐型のソフトウェアなのでインストール後は，毎回起動する必要はありません．

気象衛星NOAAを受信する

それでは気象衛星NOAAの電波を受信して画像を表示してみましょう．

● HDSDRをNOAAレシーバ用に設定する

①復調方式と帯域幅の設定

図5-15(a)のように復調方式を[FM]にします．次に図5-15(b)のように[BandWidth (F6)]をクリックしてOutputを[96000]に設定すると，帯域幅FM-BWはスライダで2000 〜 96000Hzの調整が可能になるので，スライダで約50000Hz（＝50kHz）に設定します．

②利得の設定

図5-16のように[ExtIO]をクリックし，利得の[RTL AGC]と[Tuner AGC]のチェックを外してAGCをOFFにします．次に利得調整スライダを上に動かし[R820T Tuner Gain 49.6dB]にして，マニュアルで利得を最大にします．

③サウンド出力の設定

HDSDRのサウンド出力をVB-Audio Cableの入力に接続します．[Soundcard(F5)]をクリックして開いた図5-17のようなSound Card selectionの中から[Hi-FiCable Input (VB-Audio…)]を選んで[OK]をクリックします．

④気象衛星NOAAをHDSDR Frequency Managerに登録

[FreqMgr]ボタンをクリックしてNOAAの名称，周波数，復調モードをHDSDRに登

(a) 復調方式は[FM]にする

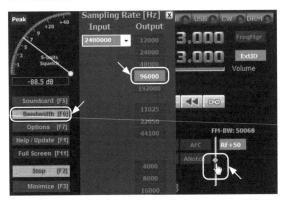

図5-15
HDSDR を NOAA
レシーバ用に設定

(b) [BandWidth(F6)]をクリックして Output を[96000]に設定. 帯域幅FM-BWはスライダで約50000Hz(=50kHz)に設定する

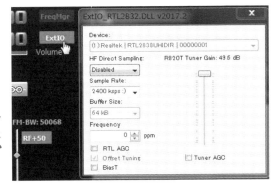

図5-16
利得の設定をする. [ExtIO]をクリックし, [RTL AGC]と[Tuner AGC]のチェックを外す. 利得調整スライダを動かし[R820T Tuner Gain 49.6dB]にして, マニュアルでの利得調整を最大にする

図5-17
Sound Card selectionの中から
[Hi-FiCable Input(VB-Audio…)]
を選んで[OK]をクリックする

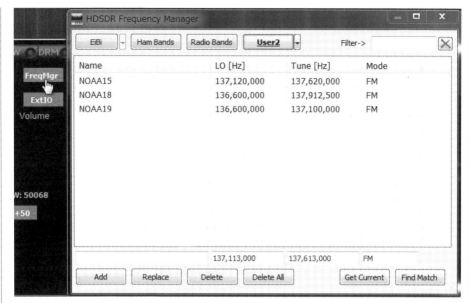

図5-18 [FreqMgr]ボタンをクリックしてNOAAの名称，周波数，復調モードを登録する

録します．ここでは，図5-18のように[User2]のファイルに登録しました．[User2]の
NOAAの名称をダブルクリックすれば，記憶させた情報を呼び出すことができます．

● WXtoImgの設定
①受信位置の緯度，経度を入力
　NOAA受信位置の緯度と経度を設定すると衛星写真上に受信位置が表示され，また受
信位置によりNOAAの電波が受信可能になる日時を知ることができます．
　デスクトップ上のアイコンをクリックして[WXtoImg]を立ち上げ，図5-19(a)のよう
に[Options]→[Grand Station Location]の順にクリックします．すると図5-19(b)の画面
になるのに，Cityに[都市名]をCountryに[Japan]を入力し，[Lookup Lat/Lon]をクリッ
クすると緯度と経度を表示します．表示されないときは，自分の住んでいる所の緯度と経
度を調べて数値を入力すると人工衛星NOAAが飛んでくる時間を計算してくれます．
　なおGoogle Maps V3 AP版の地図上でも緯度，経度，高度を調べることができます．
高度はAititudeの数値を入力して[OK]をクリックします．

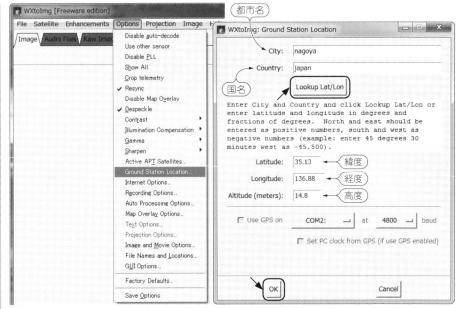

(a) [Options]→[Grand Station Location]
の順にクリックする

(b) City に[都市名]を Country に[Japan]を入力し,
[Lookup Lat/Lon]をクリックして緯度と経度を
入力する

図5-19　受信位置の設定

②気象衛星NOAAの通過日時と方向

設定した受信位置(座標)での,NOAAの通過時刻と通過方向を表示してみます.

図5-20(a)のように,[File]→[Update Keplers]の順にクリックして,NOAAの通過デ
ータを更新します.そして[File]→[Satellite Pass List]の順にクリックすると,**図5-20(b)**
のように,NOAAの通過予想時刻などのデータが表示されるので,画面下部の[Print]を
クリックして印刷しておきます.

③helpを日本語表示に

WXtoImgのhelpを日本語表示にしておきましょう.

図5-21(a)のように,[Options]→[GUI Options]の順にクリックすると,図5-21(b)の
メニューが開くので,Help Languageをクリックして[JA]選び[OK]をクリックします.

④レコーディング・オプションとサウンド・カードの設定

図5-22のように[Options]→[Recording Options]の順にクリックします.開いた画面

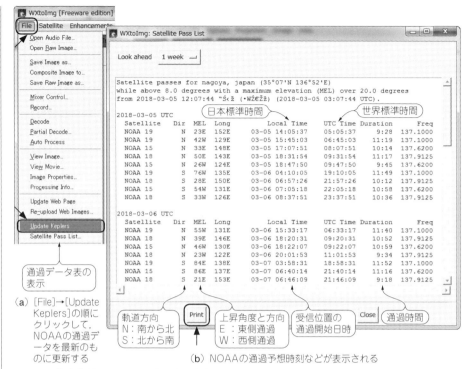

図5-20　気象衛星NOAAの通過日時と方向

(a) [File]→[Update Keplers]の順にクリックして，NOAAの通過データを最新のものに更新する

通過データ表の表示

軌道方向
N：南から北
S：北から南

Print

上昇角度と方向
E：東側通過
W：西側通過

受信位置の通過開始日時

通過時間

Close

(b) NOAAの通過予想時刻などが表示される

の[Rwcord only when selected active APT…]にチェックを入れておくと，衛星が発する APT信号に含まれる2400Hzの信号を検出すると信号の記録を開始します．

また[sound card]に[Hi-FiCable Onput(VB-Audio…)]を選び，VB-Audo CAble の出力を WXtoImgno のサウンド入力に接続します．

● 気象衛星 NOAA の電波を受信して画像を表示する

各ソフトの設定が終わったら，気象衛星NOAAから送られてくる画像をパソコンに表示してみましょう．

①HDSDR を NOAA 受信に

HDSDRのに登録した[FreqMgr]から通過するNOAAを呼び出しておき，[Start(F2)]の受信動作になっていることを確認します．

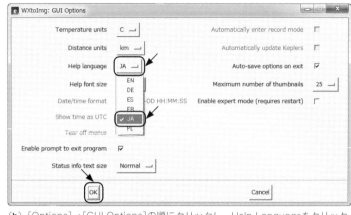

（a）[Options]→[GUI Options]の順にクリックする

（b）[Options]→[GUI Options]の順にクリックし，Help Languageをクリックして[JA]選び[OK]をクリックする

図5-21　WXtoImgのhelpを日本語表示設定

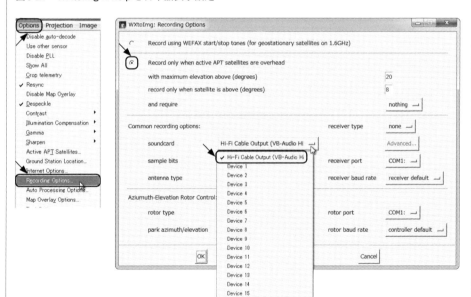

図5-22　レコーディング・オプションとサウンド・カードの設定．[Options]→[Recording Options]の順にクリックする．[Rwcord only when selected active APT…]にチェックを入れる．APT信号の2400Hzを検出すると記録を開始する

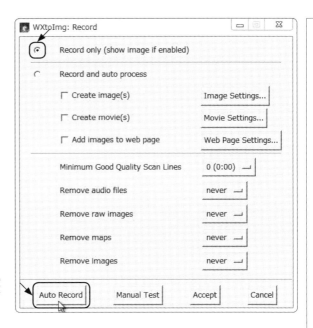

②WXto Imgを自動受信モードに設定

[Satellite Pass List]の通過データで，NOAAが通過している日時に記録する動作にします．

[File]→[Record]の順にクリックすると**図5-23**の画面になるので，[Record only]にチェックを入れてから[Auto Record]をクリックします．

なお[Record only]なら気象衛星NOAAからのノーマルの画像だけを記録します．[Record and auto process]なら受信したノーマル画像の画像処理も行います．

③WXtoImgの受信レベル設定

NOAAが受信できる日時（Satellite ListのLocal Timeの日時）になると自動受信でRecordモードになるので，通過開始時間から3～5分経過してAPT信号が安定に受信できるようになったら受信レベルの調整をします．なお気象衛星NOAAの上昇角度が大きいほど，安定して受信できます．

図5-24は受信途中のNOAA18の画像です．受信レベルはHDSDRの[Volume]のスライダを調整して，WXtoImgの右下の[vol:]の値が45～55になるようにします．

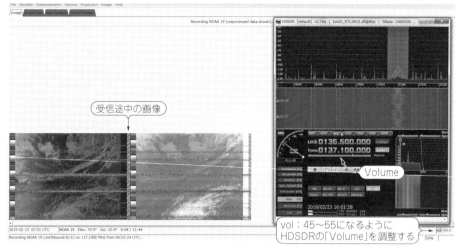

図5-24　WXto Imgの受信レベル設定

④自動受信の終了

Satellite Pass ListのDuration（通過時間）になると，自動的にRecordモードが終了します．［Auto Record］の動作を終了するには［File］→［Stop］の順にクリックします．

受信画像から画像処理

受信したノーマル画像はファイルに保存されているので，WXtoImgのFile→Open Audio Filenの順にクリックして画像表示します．

図5-25（a）は保存されていたノーマル（Normal）画像です．モノクロ画像になっていますが，NOAAに搭載してるセンサのデータを使って擬似的に色付けしたカラー画像にできます．

- ［Enhancements］→［Contrast enhance］で画像にコントラストを

チャネルAまたはチャネルBの画像にコントラストを付けて，明暗がわかりやすくします．

- ［MCIR map color IR］で雲と陸地や海を

［Enhancements］→［MCIR map color IR］の順にクリックすると，**図5-25（b）**のような

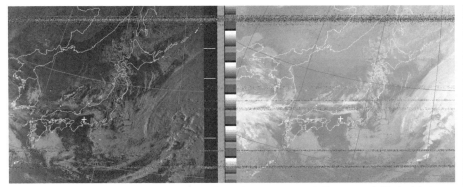

（a）［Enhancements］→［Contrast enhance］で画像にコントラストを付けて，明暗がわかりやすする

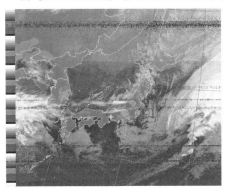

（b）雲の高低により白から灰色に，陸地に緑，海に青を色付けした例

（c）雲，地表，海を判別して鮮明な疑似色に着色した例

（d）水の表面がわかるように

図5-25　受信したノーマル画像の画像処理

画像になります．雲の高低により白から灰色に，陸地に緑，海に青を色付けしています．

- [MSA multispectal analysis]で雲と陸地や海を疑似色に

　[Enhancements]→[MSA multispectal analysis]の順にクリックすると，**図**5-25(c)のような画像になります．データから雲，地表，海を判別して鮮明な疑似色に着色してくれます．

- [HVCT false-color]で水面の表示

　[Enhancements]→[HVCT false-color]順にクリックすると，**図**5-25(d)のような画像になります．水面を表示するのに適しています．

　以上は[Enhancements]で処理した画像の一例ですが，その他の処理方法については[help]→[Graphical User Interface]→[Enhancements]を参考にして試してください．

第6章

マグネチック・ループ・アンテナの製作

アンテナの製作では金属加工が必要になることが多くありますが，同軸ケーブルを使ったマグネチップ・ループ・アンテナは，はんだ付け程度で簡単に製作できます．身近な材料で製作できる広帯域アンテナなので，手元に置く受信アンテナとして重宝します．

　ループ・アンテナはエレメントをループ状にしたアンテナで，ループの形は円形や角形が用いられます．電波の成分は電界と磁界ですが，ループ・アンテナは磁界成分を受信するアンテナです．

　ループ・アンテナの一種であるマグネチック・ループ・アンテナ(magunetic loop antenna)は，微少ループ・アンテナとも呼ばれ受信する電波の波長に対してアンテナの周囲長が短いアンテナです．特徴は無調整の広帯域アンテナが実現できるという点です．つまり広帯域受信用ソフトウェア・ラジオのアンテナに適しています．

マグネチック・ループ・アンテナの動作原理

　図6-1(a)のように，ループ面を電波の磁界成分である磁力線が貫き，その電磁誘導作

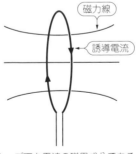

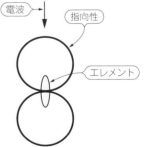

図6-1
マグネチック・ループ・アンテナの動作原理

（a）ループ面を電波の磁界成分である磁力線が貫き，その電磁誘導作用により高周波電流が発生する

（b）指向特性．ループ面が広いほど磁力線が多く貫くことになり，受信感度が向上する

用により高周波電流が発生します．また指向性は，**図6-1**（b）のような特性になります．
当然ループ面が広いほど磁力線が多く貫くことになり，受信感度が向上します．

　マグネチック・ループ・アンテナは利得は期待できませんが，磁界アンテナなので電界
ノイズの影響を受けにくいという特徴があります．実は電子機器から発生するノイズの大
半は電界ノイズなので，ノイズに対して有利なマグネチック・ループ・アンテナは，意外
に弱い信号でも受信することができます．

■ マグネチック・ループ・アンテナの製作

　図6-2（a）は，製作するマグネチック・ループ・アンテナの構造です．直径約30cmのル
ープ状です．アンテナのエレメントには同軸ケーブルのRG58A/Uを使いました．同軸ケ
ーブルの外被をエレメントとして使います．ある程度の太さと硬さがあるので，あまり加
工せずにアンテナのエレメントとして使うことができます．アンテナのエレメントとして

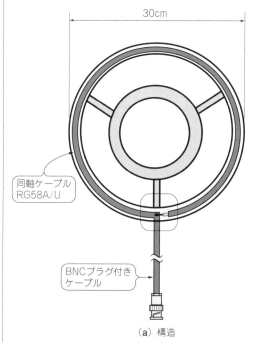

（a）構造

同軸ケーブルのシース（保護皮膜）をはが
して芯線を外部導体（網線）に，はんだ付
けしてからホット・ボンドで固める

（b）芯線を外部導体にはんだ付け

グルーガンを使ってホット・ボンドで固定．
仮固定なので上側の7箇所を固定する

（c）ループ・アンテナを仮固定

図6-2　マグネチック・ループ・アンテナの構造

写真6-1　ループ・アンテナの形状をループ状に固定する枠は100円ショップのピンチハンガを利用した

1m程度使い，あとはアンテナからドングルまでの距離になります．

　私は，長さ5mのRG58A/Uの両端にBNCプラグが取り付けられたケーブルを購入して，この片側のBNCプラグをカットして使いました．BNCプラグ付きケーブルを利用することで，同軸ケーブルにBNCプラグを取り付けるという面倒な作業を回避できます．

　またマグネチック・ループ・アンテナの形状をループ状に固定する枠は，**写真6-1**のような100円ショップのダイソーで販売されていたポリプロピレン製のピンチハンガ（丸型）を使いました．ただし価格は150円（税別）でした．

　それではマグネチック・ループ・アンテナの製作にかかります．なお，材料がそろっていれば製作時間は30分程度です．

● ピンチハンガの加工

　ピンチハンガにぶら下がっている20個の洗濯バサミと3本のつりチェーンのうちの1本を取り外し，**写真6-2**のような状態に加工します．そしてドリルやヤスリなどを使って，ケーブルを取り出す溝を作ります．私は，熱したはんだごてでピンチハンガに穴を開け，やすりで形を整えましたが，はんだごてでプラスチックを溶かすと強烈な臭いがガスが発生するので，お勧めできません．

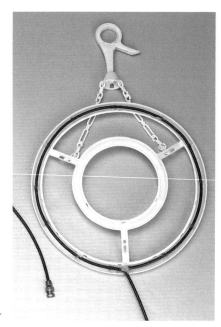

写真6-2
完成したマグネチック・ループ・アンテナ

● 同軸ケーブルの加工

　アンテナ・エレメントの周囲長は約1mになるので，同軸ケーブルの切断部分から約1.05mの部分のシース（保護皮膜）を5〜10mmはがして，外部導体（網線）に予備はんだをします（**図6-2(b)**）．

● 同軸ケーブルをピンチハンガに取り付ける

　図6-2(c)のように，ピンチハンガの溝に同軸ケーブルをはめ，グルーガンを使ってホットボンドで同軸ケーブルを仮固定します．ここでは，ループ・アンテナの接続点の上半分を固定しました．

● ループ状にした同軸ケーブルのはんだ付けとループの固定

　同軸ケーブルの先端部分の芯線を処理して，**図6-2(b)**のように外部導体（網線）にはんだ付けします．そして，ループ状の同軸ケーブルをピンチハンガに固定し，はんだ付けした部分も固定と絶縁を兼ねてホットボンドで接着して補強します．
　写真6-2は完成したマグネチック・ループ・アンテナです．

完成したマグネチック・ループ・アンテナで受信してみる

　マグネチック・ループ・アンテナをスペクトラム・アナライザに接続して，アンテナが受信している電波を確かめてみました．周波数1GHzまでの受信電波は，**図6-3**(a)のようになりました．広帯域アンテナなので，FM放送，地デジ放送，携帯の基地局などの電波をとらえています．

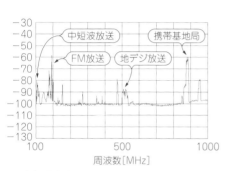

（a）周波数1GHzまでの受信電波のようす

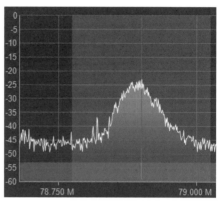

（b）FM放送局の受信のようす

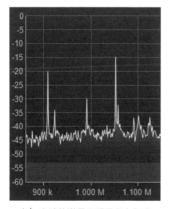

（c）中波放送局の受信のようす

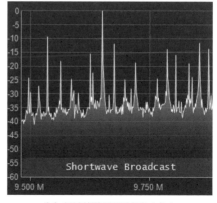

（d）短波放送局の受信のようす

図6-3　マグネチック・ループ・アンテナで受信してみた

またSDR#で受信してみると，FM放送局は，**図**6-3(b)のように，ローカルの中波放送局は，**図**6-3(c)のように，短波放送局は，**図**6-3(d)のように受信していました．

マグネチック・ループ・アンテナを広帯域受信用ドングルに接続して受信してみると，電界型アンテナに比べると，弱い電波でも受信して聞くことができるようになりました．パソコンで発生する電界ノイズの影響を受けにくくなった効果が出ているようです．

第7章
フェライト・バー・ループ・アンテナの製作

小型アンテナを机の上に置いて受信したい．気に入った台に置いて使えば，飾りにもなります．この章では，フェライト・バーを使った長さ 10 ～ 20cm の卓上型広帯域アンテナを製作します．

　フェライト・バー・ループ・アンテナは，広帯域の小型アンテナです．実際の大きさはフェライト・バーの大きさによって決まり，一般的には長さが10 ～ 20cmです．

　大型のアンテナに比べ感度は劣りますが，どこに置いても使える小型アンテナとして重宝します．

フェライト・バー・ループ・アンテナの原理

　図7-1のように，フェライト・バーを貫く電波の磁界成分によりコイルに誘導起電力が発生します．コイルに発生する誘導起電力は同じサイズの空芯コイルと比べると，フェラ

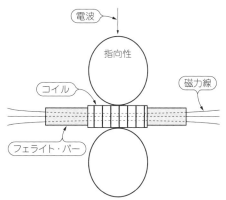

図7-1
フェライト・バー・ル
ープ・アンテナの原理

フェライト・バーを貫く電波の磁界成分により，
コイルに誘導起電力が発生する．フェライト・
バーの透磁率により小型のアンテナにできる

イト・バーの透磁率によって大きくなりますが，高い周波数になると損失が大きくなるので，受信周波数の上限はVHF帯までと考えるべきでしょう．

　磁界アンテナとして動作するフェライト・バー・ループ・アンテナは，家庭用電子機器やパソコンから発生する電界ノイズを受けにくくなります．

　なお指向性はフェライト・バーと直角方向が最大になる8の字パターンです．

フェライト・バー・ループ・アンテナの製作

　図7-2は，フェライト・バー・ループ・アンテナの製作図です．

　ここでは，長さ180mmで直径10mmのフェライト・バーに極細同軸ケーブルAWG31を巻きます．極細同軸ケーブルAWG31は，外形1.6mmで特性インピーダンス50Ωという同軸ケーブルです．材質が柔らかいのでコイルとして巻きやすいケーブルです．長さは3mほど用意します．

● フェライト・バーにコイルを巻く

　巻いたコイルがフェライト・バーの中心になるように図7-2のように，同軸ケーブルAWG31を30回巻きます．このときコイルの中を瞬間接着剤でほどけないでコイルの形を

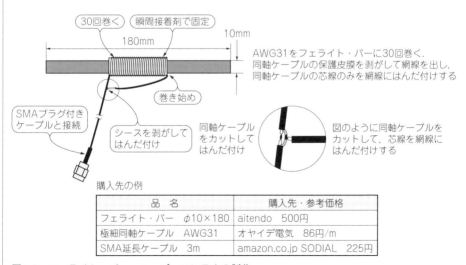

図7-2　フェライト・バー・ループ・アンテナの製作

写真7-1　同軸ケールをはんだ付けしてループ
状にしたフェライト・バー・ループ・アンテナ

写真7-2　熱収縮チューブで固定したフェライ
ト・バー・ループ・アンテナ

維持するように固定します．巻き終わりも瞬間接着剤で固定して同軸ケーブルを引き出し
ておきます．

● 同軸ケーブルを加工してループ・アンテナにする

図7-2のように，コイルの巻き終わり側の同軸ケーブルのシース（保護皮膜）を剥がして
網線を出し，コイルの巻き始め側の同軸ケーブルの芯線のみにはんだ付けします．

写真7-1は，同軸ケールをはんだ付けしたフェライト・バー・ループ・アンテナです．
なお接続部分は，ビニール・テープなどで絶縁します．

● アンテナ・ケーブルにSMAプラグを接続

AWG31は極細の同軸ケーブルなのでSMAまたはMCX-F型プラグを接続するために
は，専用工具が必要になります．簡単に済ませる方法としては，SMAまたはMCXプラ
グ（オス）付ケーブルを購入してケーブル同士をはんだ付けします．ここではSMA延長ケ
ーブルのジャック（メス）側を切ったケーブル端とアンテナ・ケーブルを接続しました．ま
たコイルとケーブルを直径15mmの熱収縮チューブで固定しました．

写真7-2は，熱収縮チューブで固定したフェライト・バー・ループ・アンテナです．

完成したフェライト・バー・ループ・アンテナで受信してみる

フェライト・バー・ループ・アンテナをスペクトラム・アナライザに接続して，受信電
波を確かめてみました．図7-3(a)のようにUHF帯は受信感度が低く実用になりません．
SDR#で中短波放送やFM放送を受信してみると，図7-3(b)のようにFM局が，図7-3

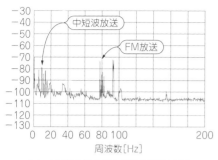

（a）中短波放送やFM放送の電波を受信

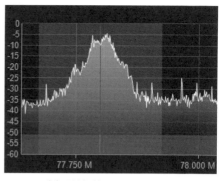

（b）FM放送局の受信のようす

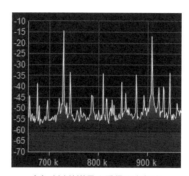

（c）AM放送局の受信のようす

図7-3　フェライト・バー・ループ・アンテナで受信

(c)のようにローカルの中波局が受信できました．さらに短波局も受信できます．

　小型化したために受信感度は低くなりましたが，机のスミにおいて使える便利な広帯域アンテナです．

第8章
釣りざおアンテナの製作

屋外に大きなアンテナを建てると，弱い電波が明瞭に受信できるようになります．
しかし大きなアンテナを設置するには，それなりのスペースが必要です．釣りざ
おアンテナなら設置が簡単で，大型アンテナと同等の働きをしてくれます．また
アンテナを縮めて持ち運べば，移動用アンテナとして活用できます．

コンパクトな室内アンテナは使い勝手が良く，重宝しますが，屋外アンテナに比べると
受信感度は劣ります．

特にコンクリート住宅の室内は，建物での電波の減衰量が多く，中短波帯の電波が受信
しにくくなります．

屋外アンテナは，屋根の上や庭などに設置されますが，簡単に設置できる場所が見つか
らない場合に役立ちそうなアイデアを紹介します．

■ 釣りざおを利用したロング・ワイヤ・アンテナ

■ ロング・ワイヤ・アンテナの構造
図8-1は，これから製作するロング・ワイヤ・アンテナの外形図です．

アンテナのエレメントは，釣りざおの中を通し先端から出します．釣りざおは，11段
のロッドで長さ3.3mの釣りざおを使いました．この釣りざおの先端は細すぎるので2段
ぶんを取り外して，残りの9段長さ2.72mの釣りざおを利用しています．再現する場合は，
釣りざおの長さは厳密でなくてよいです．

図8-1(a)のように釣りざおの9段のロッドを縮めると長さは42cmになり，図(b)のよ
うに伸ばすと長さは2.72mになります．アンテナとして使わないときにはコンパクトにな
るので，ノートパソコンや広帯域受信用ドングルとともに自転車や車に積み，高台へ移動
して受信を楽しむ場合も気軽に持ち運べます．

なおSMAプラグ付同軸ケーブルとロング・ワイヤの接続は，直径2mmのピン・チッ
プとジャックを使いました．同軸ケーブルとピン・ジャックを90cmのワイヤで接続する
ことで，FM放送帯のワイヤ・アンテナになります．つまり釣りざおロング・ワイヤ・ア

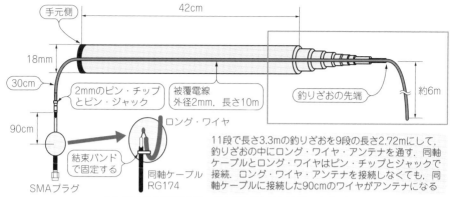

42cm

手元側

18mm

30cm

2mmのピン・チップ
とピン・ジャック

被覆電線
外径2mm，長さ10m

釣りざおの先端

約6m

90cm

ロング・ワイヤ

結束バンド
で固定する

同軸ケーブル
RG174

SMAプラグ

11段で長さ3.3mの釣りざおを9段の長さ2.72mにして，釣りざおの中にロング・ワイヤ・アンテナを通す．同軸ケーブルとロング・ワイヤはピン・チップとジャックで接続．ロング・ワイヤ・アンテナを接続しなくても，同軸ケーブルに接続した90cmのワイヤがアンテナになる

（a）釣りざおの9段のロッドを縮めると長さは42cmになる

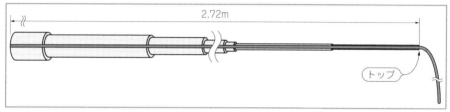

2.72m

トップ

（b）釣りざおのを伸ばすと長さは2.72mになる

図8-1　釣りざおを利用したロング・ワイヤ・アンテナ

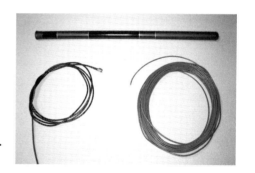

写真8-1　釣りざおを利用したロング・
ワイヤ・アンテナの主要パーツ

ンテナを接続しなくてもFM放送帯が受信できます．

■ 釣りざおを利用したロング・ワイヤ・アンテナの製作

写真8-1は，製作に使ったおもなパーツです．グラスファイバ製の中空構造で長さ3.3m

の釣りざお（のべざおと呼ばれるリールを使わないさお），ロング・ワイヤ・アンテナにする外形2mm長さ10mの皮膜電線，SMAプラグ付同軸ケーブルです．他にピンの直径2mmのピンチップとジャック，結束バンド，熱収縮チューブ，接着剤を用意します．

● ロッド・エンドのキャップを外す

　写真8-2は，釣りざおの下の部分になる部分でロッド・エンドと呼びます．ロッド・エンドは樹脂製のねじ込み式パーツになっているので，左へ回して外します．

● 上部2段を取り外す

　ロッド・エンドを外すとロッドを取り出すことができるので，**写真8-3**のように上部2段を取り出します．

● ロッド・エンドのキャップの穴

　写真8-4(a)のように，キャップには金属製の留め金が付いています．キャップの裏側

写真8-2　釣りざおの手元部分のロッド・エンドを外す

写真8-3　釣りざおの上部2段を取り出す

（a）キャップには金属製の留め金が付いている

（b）キャップの裏側のクリップを外すと留め金が外れ穴が残る

写真8-4　ロット・エンドのキャップの加工

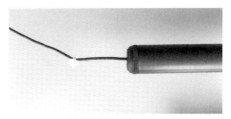

写真8-5　ロッド・エンドのキャップ→3段目
のロッドの中にアンテナのエレメントになる外
形2mmの皮膜電線を通していき，先端から皮
膜電線を引っ張り出してからロッド・エンドの
キャップを戻す

写真8-6　皮膜電線が抜けないように結束バン
ドをストッパーにする

のクリップを外すと留め金が外れて，**写真8-4**(b)のような穴が残ります.

● ロング・ワイヤを通す

　トップの樹脂製のキャップを外し，**写真8-5**のように，ロッド・エンドのキャップ→3
段目のロッドの順にロング・ワイヤを通していき，トップからロング・ワイヤを引っ張り
出してからロッド・エンドのキャップを取り付けます.

● ロッド・エンド側の処理

　ロッド・エンドから出ている皮膜電線の長さが約30cmになったら，**写真8-6**のように
結束バンドをストッパーにして，それ以上皮膜電線が引き出せないようにします.

● 釣りざお先端の処理

　皮膜電線を釣りざおの中を通った状態で釣りざおを伸ばしきります(使用した釣りざお
の場合は長さが2.72m).　そして**写真8-7**のように，トップから約5cmのあたりで，ロング・
ワイヤに結束バンドを付けてストッパーにします.

　またロッドを引き出すときのガイドとして，3段目の先端に糸を巻き付けてから接着剤
で固めておきます.

● 釣りざお先端のキャップの処理

　ロング・ワイヤ・アンテナを縮めて持ち運ぶときのために，**写真8-8**(a)のようにキャ
ップの側面に溝を切って皮膜電線が通せるようにします.　こうすることで**写真8-8**(b)の

写真8-7　先端から約5cmのあたりで，皮膜電線に結束バンドを付けてストッパーにする

（a）キャップの側面に溝を切って皮膜電線が通せるようにする

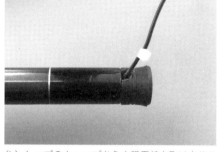

（b）トップのキャップから皮膜電線を取り出せるようになる

写真8-8　釣りざお先端のキャップの処理

写真8-9　皮膜電線を長さ90cmほど折り曲げて結束バンドで結び，接続部にストレスをかけないようにする

ように，トップのキャップから皮膜電線を取り出すことができます．

● 同軸ケーブルと皮膜電線を接続する

　SMAジャック付同軸ケーブルとロング・ワイヤを接続します．使用した同軸ケーブルはRG174です．外形2.7mm，芯線の径0.48mmと細いので，**写真8-9**のように長さ90cmの皮膜電線を折り曲げて結束バンドで結び，接続部にストレスをかけないようにします．

　皮膜電線の先はピン・ジャックを接続し，釣りざおアンテナの皮膜電線の先にはピン・プラグを接続します．

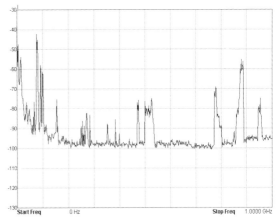

図8-2 完成した釣りざおロング・ワイヤ・アンテナで受信している信号のようす．周波数1GHzまで良好に受信できている
ロング・ワイヤ・アンテナをスペクトル・アナライザに接続したときのアンテナが7受信している電波のようす．中波帯からUHF帯まで受信できている

■ 完成した釣りざおロング・ワイヤ・アンテナを使う

● 受信電波の状況

　10mの釣りざおロング・ワイヤ・アンテナを窓から2.5mほど出して，残った6mをベランダの手すりに引っかけました．スペクトラム・アナライザに接続して受信電波を確かめると，**図8-2**のように周波数1GHzまで良好に受信できています．

● ソフトウェア・ラジオで受信してみる

　広帯域受信用ソフトのSDR#で受信してみました．FM放送局は問題なく受信できます．またロング・ワイヤ・アンテナの効果により中短波帯の受信感度が向上しています．これまで弱かった電波も安定して受信することができるようになりました．

　ロング・ワイヤ・アンテナ＋ドングルRTL-SDR.COM＋SDRsharpで受信した中波帯のようすは**図8-3**(a)，短波帯のようすは**図**(b)のようになりました．

釣りざおローディング・アンテナの製作

　アンテナにコイルを追加するとアンテナ・エレメントの長さを短縮することができます．この効果を応用して，釣りざお釣りざおローディング・アンテナを作ってみました(**図8-4**)．つまり，同じ長さの釣りざおでも，電気的にもっと長さのあるアンテナとして機能します．ただし，利得は少し下がります．

　全長3.3mの釣りざおの手元側から2段目にローディング・コイルとして皮膜電線を約

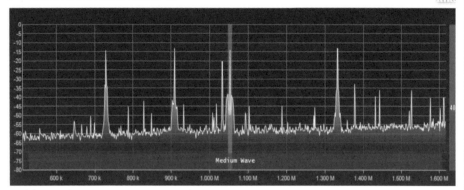

（a）ロング・ワイヤ・アンテナ＋ドングルRTL-SDR.COM＋SDRsharpで受信した中波帯のようす

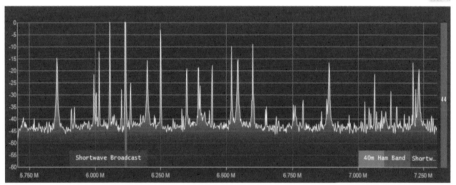

（b）ロング・ワイヤ・アンテナ＋ドングルRTL-SDR.COM＋SDRsharpで受信した短波帯のようす

図8-3　完成した釣りざおロング・ワイヤ・アンテナでの受信のようす
ロング・ワイヤ・アンテナでは，特に中短波帯の受信感度が向上する

80回巻き，残ったワイヤをロッドに沿わしてから釣りざおの先から垂らしました．

　皮膜電線をローディング・コイルとして巻いたので，皮膜電線のあまるぶんが短くなって，釣りざおの先から出るアンテナ線の処理が簡単になります．その反面，ロング・ワイヤ・アンテナより少し受信感度が悪くなります．

　またローディング・コイルを釣りざおの下から2段目に巻いたので，11段のロッドを縮めることができるのは2段までとなって，縮めたときの全長は72cmになります．

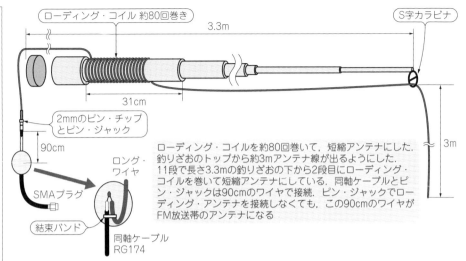

図8-4 製作した釣りざおローディング・アンテナの外形図

（図中ラベル）
- ローディング・コイル 約80回巻き
- 3.3m
- S字カラビナ
- 31cm
- 2mmのピン・チップとピン・ジャック
- 90cm
- ロング・ワイヤ
- SMAプラグ
- 結束バンド
- 同軸ケーブル RG174
- 3m

ローディング・コイルを約80回巻いて，短縮アンテナにした．釣りざおのトップから約3mアンテナ線が出るようにした．11段で長さ3.3mの釣りざおの下から2段目にローディング・コイルを巻いて短縮アンテナにしている．同軸ケーブルとピン・ジャックは90cmのワイヤで接続．ピン・ジャックでローディング・アンテナを接続しなくても，この90cmのワイヤがFM放送帯のアンテナになる

■ 釣りざおを利用したローディング・アンテナの製作

製作に必要なおもなパーツは，写真8-1のロング・ワイヤ・アンテナのパーツに，**写真8-10**のような100円ショップで購入できるS字カラビナです．S字カラビナを釣りざおの先端に取り付けて，アンテナ線を下へ垂らすガイドとします．

● ローディング・コイルを巻く

写真8-11のように，ローディング・コイルを釣りざおの下から2段目を軸にして約80回巻きます．ローディング・コイルがゆるまないように巻きはじめと巻き終わりはテーピングと結束バンドで固定します．

ローディング・コイルを巻いたことにより釣りざお先端から出るワイヤはおよそ3mになります．長さ10mのロング・ワイヤ・アンテナが長さ6.3mのローディング・アンテナとなります

● S字カラビナ

写真8-12のように，釣りざおの先端にS字カラビナ(4個100円で購入)を糸で縛って接着剤で固定して取り付けました．また釣りざおの先から出す皮膜電線が外れないように，皮膜電線とS字カラビナを結んでおきます．

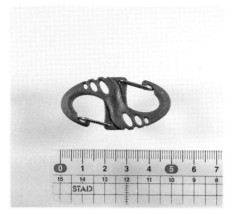

写真8-10 1釣りざおを利用したローディング・アンテナに使う100円ショップで購入したS字カラビナ

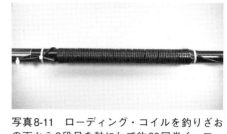

写真8-11 ローディング・コイルを釣りざおの下から2段目を軸にして約80回巻く。ローディング・コイルがゆるまないように巻きはじめと巻き終わりをテーピングして結束バンドで固定する

写真8-12 釣りざおの先端にS字カラビナを糸で縛って接着剤で固定した

写真8-13 マンションのバルコニーに釣りざおを利用したローディング・アンテナを設置した例。落下には十分注意し，マンションなどの規約の範囲内で行ってください

■ 完成した釣りざおを利用したローディング・アンテナを使う

● アンテナを設置例

　写真8-13のように，マンションのバルコニーに釣りざおを利用したローディング・アンテナを設置してみました．釣りざおの先から出ている3mの皮膜電線を，ベランダの手すりで引っ張っておきます．

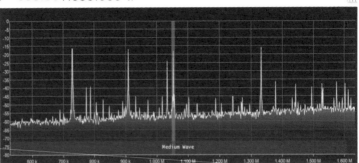

ロング・ワイヤ・アンテナに比べて，信号のレベルが約2dB低いが良好に受信できる
(a) 中波帯を受信したようす

図8-5 受信感度
はロング・ワイ
ヤ・アンテナに
比べると約2dB
低くなったが，
広域で良好に受
信できた

ローディング・アンテナを屋外に設置したので，電子機器ノイズの影響を受けにくくなる
(b) エア・バンドの受信状況

　一戸建て住宅の窓から出すときには，皮膜電線の先端が地面に触れないように，釣りざ
おの角度を調整してください．

● 受信してみると

　広帯域受信用ソフトのSDR#で受信してみると，ロング・ワイヤ・アンテナと同様に中
波帯からUHF帯までの電波をとらえることができます．

　屋外に設置したローディング・アンテナで中波帯を受信してみると，図8-5(a)のよう
になりました．受信感度はロング・ワイヤ・アンテナに比べると約2dB低くなりますが，
良好に受信できました．

また図8-5(b)は，エア・バンドの受信状況です．ローディング・アンテナを屋外に設置したことで家庭内の電子機器から発生するノイズの影響を受けにくくなり，良好に受信できます．

　ローディング・アンテナは，釣りざお先端からのアンテナ線が3m程度なので，庭に置いたり1階の窓から突き出したりという使い方ができますが，階下の住人とのトラブルに注意して長さを調整してください．

Column（8-1）

カメラの三脚を利用した釣りざおアンテナ・ホルダー

　製作した釣りざおアンテナを固定するために，カメラの三脚を利用してみました．
　なお釣りざおアンテナを高層階に設置するときには，万一の落下対策として，ロープやベルトで釣りざおアンテナを安定した箇所に引っかけておくことをおすすめします．

■ 三脚を利用したホルダー
　写真コラム8-1が，三脚に固定する釣りざおアンテナ・ホルダーの概要です．塩ビパイプのホルダーをLアングルのアダプターで三脚の雲台（三脚にカメラを取り付ける部分）に取り付けています．

● Lアングルのアダプターを作る
　まず塩ビパイプVP20の継ぎ手を，三脚の雲台に取り付けるアダプターを作ります．
　アダプターにするアルミの不等辺Lアングル（30×10mm）に，6.5mmと4mmの穴開け加工しておきます．

写真コラム8-1　三脚に固定できる釣りざおアンテナ・ホルダー

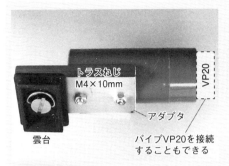

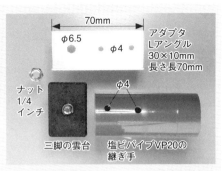

写真コラム8-3　アダプタで塩ビパイプと雲台を接続

写真コラム8-2　釣りざおアンテナ・ホルダーのパーツ

● パーツを用意する

　写真コラム8-2のように，アダプター，アダプターの穴に合わせた塩ビパイプVP20の継ぎ手，雲台，そして取り付けるねじを用意します．

　雲台にアダプターを取り付けるナットは，インチねじの1/4インチ（W1/4）というサイズで，ホームセンターで購入できます．他にトラスねじM4mm，長さ10mmを2本用意します．

● アダプターで塩ビパイプと雲台を固定する

　各パーツを，写真コラム8-3のように，ねじ止めして完成です．

　また塩ビパイプVP20の継ぎ手にパイプVP20mmをつないで，ホルダーを長くすることもできます．

　なおローディング・アンテナでは，ローディング・コイルがロング・ワイヤをホールドする役目を兼ねています．ロング・ワイヤをホールドするだけという目的でローディング・コイルの巻き数を2〜3回にすれば，ほぼロング・ワイヤ・アンテナと同等になります．

第9章

2本のアンテナ信号を1本にまとめるデュプレクサの製作

2系統のアンテナを広帯域受信用ドングルに接続しようとすると，アンテナを切り替える手間が生じます．ここで製作するデュプレクサは，受信周波数によってアンテナの接続を切り替える自動アンテナ切替器の働きをするので，面倒な切り替えの手間が省けます．

　広帯域受信用ドングルのRTL-SDR.COMの受信周波数は，ダイレクト・サンプリング・モードでの動作を含めるとMF（中波）～ UHF（極超短波）です．ところがアンテナ入力は1系統なので，複数のアンテナを使いたいときは，アンテナをつなぎ替えなくてはなりません．

　そこで2系統のアンテナを1系統にまとめることができるデュプレクサを設計／製作します．これを使えば，アンテナをつなぎ替えなくても，常時2本のアンテナをつないだ状態にすることができます．

デュプレクサのしくみ

　デュプレクサは，ハイパス・フィルタとローパス・フィルタを組み合わせて，周波数の違うアンテナを1本にまとめる役割をします．

　図9-1は，これから製作するデュプレクサのブロック図です．VHF/UHF帯のアンテナ

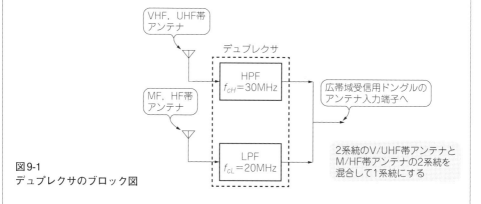

図9-1
デュプレクサのブロック図

入力をカットオフ周波数 f_{cH} = 30MHzのハイパス・フィルタ(HPF)を通し，MF/HF帯の
アンテナ入力をカットオフ周波数 f_{cL} = 20MHzのローパス・フィルタ(LPF)を通して，こ
の2系統を混合して1系統にしています．

このように30MHz以上の高い周波数の電波と，20MHz以下の低い周波数の電波を合成
して，1本の同軸ケーブルで広帯域受信用ドングルのRTL-SDR.COMに送ります．

ハイパス・フィルタの設計

仕様を次のようにして設計します．
- 入出力インピーダンス　$Zi = Z_o$ = 50Ω
- カットオフ周波数　f_{cH} = 30MHz
- 減衰量　G_H = 10dB(at 20MHz)

ここでは，設計ツールを使ってフィルタ素子のコンデンサとコイルの値を求めてみます．

図9-2(a)のようなT型チェビシ・ローパス・フィルタとして設計すると，$C_1 = C_2 ≒$
66.5pFなので，$C_1 = C_2$ = 68pFとします．また，$L_1 ≒ 0.242\,\mu$Hになります．

この計算は，小宮 浩氏が公開しているツール(http://gate.ruru.ne.jp/rfdn/Tools/RFtools.
htm)が便利です．

● ローパス・フィルタの設計

次のような設計仕様とします．
- 入出力インピーダンス　$Z_i = Z_o$ = 50Ω
- カットオフ周波数　f_{cL} = 20MHz

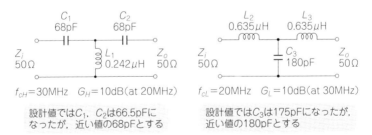

f_{cH}=30MHz　G_H=10dB(at 20MHz) 　　f_{cL}=20MHz　G_L=10dB(at 30MHz)

設計値ではC_1，C_2は66.5pFに　　　　設計値ではC_3は175pFになったが，
なったが，近い値の68pFとする　　　　　近い値の180pFとする

フィルタはチェビシT型フィルタとし，設計ツールで素子の値を求めた
(a) T型チェビシ・ローパス・フィルタ　　(b) π型チェビシ・ローパス・フィルタ

図9-2　ハイパス・フィルタとローパス・フィルタの製作

- 減衰量　$G_L = 10\mathrm{dB}$(at 30MHz)

ハイパス・フィルタと同様に設計ツールを使ってフィルタ素子のコンデンサとコイルの値を求めてみます.

図9-2(b)のようなＴ型チェビシ・ローパス・フィルタとして設計すると, $C_3 \fallingdotseq 175\mathrm{pF}$ となりました. 近い値として, $C_3 = 180\mathrm{pF}$ とします. また, $L_2 = L_3 \fallingdotseq 0.635\,\mu\mathrm{H}$ になります.

■ デュプレクサの製作

● ハイパス・フィルタ

L_1 は空芯コイルとします. コイルの形状を, **図**9-3(a)のような直径 $D = 7\mathrm{mm}$, 巻き数 $N = 7\mathrm{T}$, 長さ $l = 7\mathrm{mm}$ として設計ツールからインダクタンスを求めると, $L_1 \fallingdotseq 0.23\,\mu\mathrm{H}$ なので設計値に近い値です.

● ローパス・フィルタ

コイルの個数はハイパス・フィルタのコイルと合わせると計3個になります. コイルが同一基板上で互いに近接するとコイル同士が電磁結合してしまいます. そこでコイル L_2 と L_3 はトロイダル・コアに巻いたトロイダル・コイルとします. トロイダル・コイルの漏れ磁束はわずかなので, まず電磁結合はおきません.

L_2, L_3 は, トロイダル・コア FT23-#61 に巻くことにして巻数 N を求めてみます. データシートより FT23-#61 の $L_{AL} = 248\,\mu\mathrm{H}$(巻数 $N_{AL} = 100$ 回当たりのインダクタンス)なので,

$$N = \sqrt{\frac{L_2}{L_{AL}}} \times N_{AL} = \sqrt{\frac{0.635 \times 10^{-6}}{248 \times 10^{-6}}} \times 100 \fallingdotseq 5.06 [\mathrm{T}]$$

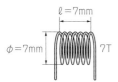

L_1：空芯コイル 7回巻き
　　　直径 $\phi = 7\mathrm{mm}$　長さ $l = 7\mathrm{mm}$
インダクタンス L_1 は $0.23\mu\mathrm{H}$

（a）ハイパス・フィルタのコイル

コア材：
アミドン FT23-43

L_2, L_3：コア材 FT23-61 に5回巻きにすると
インダクタンス L_2, L_3 は $0.62\mu\mathrm{H}$ になる
トロイダル・コアに直径 $0.5\mathrm{mm}$ の
ポリウレタン皮膜線を5回巻く

（b）ローパス・フィルタのコイル

図9-3　デュプレクサのコイル

したがって，**図9-3**(b)のようにトロイダル・コアに直径0.5mmのポリウレタン皮膜線を5回巻きとすると，$L_2 = 0.62\,\mu$Hになり，設計値に近い値になります．

● 基板に部品を取り付ける

図9-4(a)はダイプレクサの回路図で，**図9-4**(b)は部品取り付け図です．片面プリント基板をエッチングして製作しましたが，シンプルなプリント・パターンなのでカッター・ナイフで溝を付けて銅箔をはぎ取ることでランドを作ることも可能です．入出力コネクタはSMAジャックとしパターン面の反対側に取り付け，コンデンサとコイルはパターン面にハンダ付けしました．

写真9-1は完成したダイプレクサです．

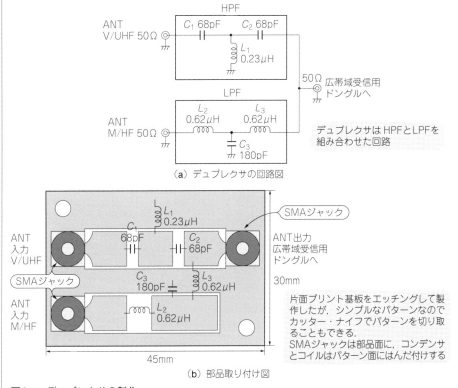

（a）デュプレクサの回路図

（b）部品取り付け図

図9-4　デュプレクサの製作

写真9-1　完成したデュプレクサ

デュプレクサの特性を測定

● ハイパス・フィルタの特性

　図9-5(a)はハイパス・フィルタの特性です．フィルタによる損失が約2dBあり，また周波数15MHz付近にディップ点があります．カットオフ周波数がハイパス・フィルタは30MHzでローパス・フィルタが20MHzと接近しているために，ローパス・フィルタの素子がフィルタの特性に影響しています．ちなみにローパス・フィルタを取り外すと図9-5(b)のような理論どおりの特性になり，損失も生じません．

　フィルタの特性を急峻にすれば理論値に近い特性が得られますが，受信アンテナ用なので，そこまで特性を突き詰めなくても充分実用になります．

● ローパス・フィルタの特性

　図9-5(c)はローパス・フィルタの特性です．やはりハイパス・フィルタの素子の影響で，周波数40MHz付近にディップ点がありますが，受信アンテナ用なので，このままで使用してみます．

デュプレクサにアンテナ2本を接続して受信してみよう

　第6章で製作した直径30cmのマグネチック・ループ・アンテナを広帯域受信用ドングルに接続して受信すると，FM放送などVHF帯以上の電波は良好に受信できましたが中短波帯では感度不足でした．

　そこでマグネチック・ループ・アンテナをアンテナ端子V/UHFに，ロング・ワイヤ・

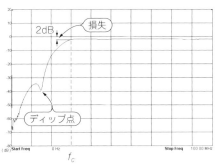

(a) ハイパス・フィルタの特性

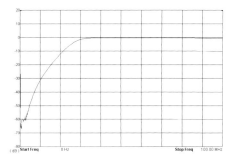

(b) ローパス・フィルタを取り外した場合の特性

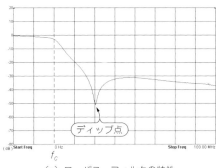

(c) ローパス・フィルタの特性

図9-5　完成したデュプレクサの特性

アンテナをM/HFに接続して受信してみました．そうするとアンテナを取り換えることなく，中短波帯からUHF帯までを良好に受信できるようになりました．

変換コネクタと変換ケーブル

受信機(広帯域受信用ドングル)やアンテナのコネクタは統一されている訳ではありません. コネクタの形状が違うときは変換コネクタを使うことになります. **図コラム9-1**は, BNC, SMA, MCXのコネクタのプラグ(P)とジャック(J)を接続する変換コネクタです.

たとえばアンテナのケーブル・コネクタがMCX(P)で広帯域受信用ドングルのアンテナ端子がSMAなら, MCX(J)-SMA(P)で変換します.

ただし, アンテナ側のコネクタがBNC(P)のときには, 変換コネクタではなく, 変換ケーブルを使ったほうが広帯域受信用ドングルの入力端子に加わる物理的な力が少なくなります.

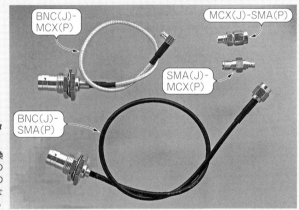

図コラム9-1
BNC, SMA, MCXのコネクタ
のプラグとジャック
BNC, SMA, MCXの各種の変換
コネクタなど. BNCコネクタの
ときは, 広帯域受信用ドングルの
アンテナ端子にストレスをかけな
いように変換ケーブルを使用する

スマホで広帯域受信

アンドロイドのスマートフォンに広帯域受信ソフトウェア「SDR Touch」をインストールして，VHF帯の電波を受信してみます．

● 用意するもの

図コラム9-2-1のように，広帯域受信用ドングル，ドングルとスマートフォンの接続ケーブル，スマートフォンを用意します．

なお接続ケーブルは，USB同士を接続するUSB OTG(USB On-The-Go)ケーブルのUSB・Aメス-miniBオスとします．OTGケーブルにより，スマートフォンがホスト側の機能で動作します．またスマートフォンが，USBホスト機能をサポートしていることも必要な条件になります．

● スマホ用アプリケーション・ソフトウェアをダウンロード

図コラム9-2-2のように，「Amazon play store」より広帯域受信用アプリ「SDR Touch」をダウンロードします．まずは無料の「SDR Touch-Live offline radio」と「RTL2832U driver」をダウンロードします．ダウンロードするとスマートフォンの画面上にショー

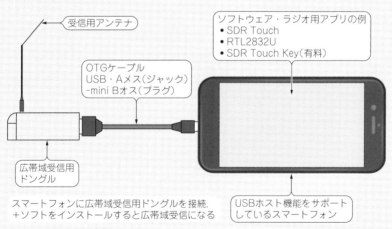

図コラム9-2-1　スマートフォンで広帯域受信
スマートフォンに広帯域受信用ドングルを接続．ソフトウェア・ラジオ用アプリをインストールすると広帯域受信機になる

トカットができます．

● SDR Touch を操作して受信する

　SDR Touchの操作は，わかりやすく直感的になっています．ここでは，受信に必要なおもな設定を説明します．

　ショートカット[SDR Touch]をタップすると受信画面が表示されます．画面の電源マークをタップすると，**図コラム9-2-3**のように受信開始の画面になります．

①受信モードを設定

　画面では[FM]になっているパネルをタッチすると，[Signal type]の表示になり，受信モードをFM，NFM，AM，LSB，USBから選びます．

②受信周波数をスペクトラム画面上で設定

　スペクトラム画面上の縦の白線付近を指先でタッチして左右にスワイプすると，受信周波数を変えられます．なお受信周波数以外のスペクトラム画面上で左右にスワイプすると，受信周波数帯域が移動します．また指2本で左右にピンチイン／アウトすると，受信周波数帯域幅を変更できます．

③受信周波数を数値

　[Jump]をタップすると[Jump to frequency]の表示になるので，受信周波数を入力して[set]をタップすると受信周波数を変更できます．

SDR Touch - Live offline radio
Martin Marinov

¥ 0
対応端末ですぐにご利用いただけます。

SDR Touch Key
Martin Marinov

¥ 999
対応端末ですぐにご利用いただけます。

RTL2832U driver
Martin Marinov

¥ 0
対応端末ですぐにご利用いただけます。

図コラム9-2-2　スマートフォン用アプリをダウンロードする
「Amazon play store」より広帯域受信用アプリ
「SDR Touch」をダウンロードする

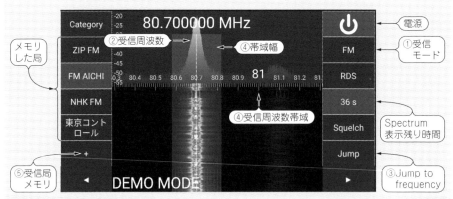

図コラム9-2-3　受信開始の画面
操作は，タップ，スワイプ，ピンチイン/アウトで行う

④帯域幅を設定

　帯域幅は受信周波数を中心に白い網がけになって表示されています．帯域幅の端をタップして左右にスワイプすることで帯域幅を変更できます．

⑤受信局をメモリする

　[Category]の[＋]をタップすると[Enter preset name]の表示になるので，メモリする局名を入力して[ok]タップします．受信中の受信周波数と受信モードおよび帯域幅がメモリされ，画面左側に表示されます．

● **DEMO MODE**

　[Spectrum]パネルをクリックすると，スペクトラム表示します．DEMO MODEでのスペクトラム表示は60秒間で，表示残り時間を減算カウンタで表示します．カウンタが0になると[Pro Key required]の表示になりスペクトラム表示が消えるので，もっと長い時間スペクトラム表示が必要な場合は，[SDR Touch Key]（約1,000円）を購入してください．拡張機能が使えるようになります．

　なお電源を入れ直すと減算タイマがリセットされ，再度60秒間スペクトラム表示できます．

● **実際に受信してみると**

　FM放送，エア・バンド，アマチュア無線などが良好に受信できます．ただし，スマートフォンから広帯域受信用ドングルに電源を供給しているので，スマートフォンの電池は早く減ります．

おわりに

　ソフトウェア・ラジオを動作させパソコン画面の周波数スペクトルを見ると，さまざまな電波が確認できます．国内外の商用放送局やアマチュア無線局の電波を受信したり，気象衛星NOAAなどのデータ信号を受信して楽しむことができます．

　ところでソフトウェア・ラジオといえども，電波の入口になるアンテナは必要です．実は家庭用の電子機器からは，広範囲の周波数にわたってノイズが発生しています．そこで周波数スペクトル画面を見ながらアンテナの種類や設置場所を工夫することで，ノイズの影響を受けにくくすることができます．

　また，スマートフォン，カー・ラジオや地デジ・テレビの受信部はソフトウェア・ラジオであり，その他の受信機もほとんどがソフトウェア・ラジオになっています．したがって，受信機について学ぶときには，電子部品のみで作られた電子回路よりも，本書の第1章コラムで取りあげた直交復調の知識を深めることがポイントになってきます．

　そんなとき，実際に本書のソフトウェア・ラジオを体感してみることで，高周波回路の知識を深めることができます．

2019年1月　筆者

｜著｜者｜略｜歴｜

鈴木 憲次　（すずき けんじ）

1946 年　名古屋市に生まれる現在，愛知総合工科高等学校 非常勤講師

おもな著書：

トラ技 ORIGINAL No.2 ディジタル IC 回路の誕生，1990 年 3 月，CQ 出版社

高周波回路の設計・製作，1992 年 10 月，CQ 出版社

ラジオ＆ワイヤレス回路の設計・製作，1999 年 10 月，CQ 出版社

トランジスタ技術 SPECIAL No.84「基礎から学ぶロボットの実際」，2003 年 10 月，CQ 出版社

無線機の設計と製作入門，2006 年 9 月，CQ 出版社

エアバンド受信機の実験，2008 年 9 月，CQ 出版社

地デジ TV 用プリアンプの実験，2009 年 5 月，CQ 出版社（共著）

気象衛星 NOAA レシーバの製作，2011 年 9 月，CQ 出版社

新版　電気・電子実習 3，2010 年 6 月，実教出版（共著）

ワンセグ USB ドングルで作るオールバンド・ソフトウェア・ラジオ，2013 年 9 月，CQ 出版社

電子回路概論，2015 年 9 月，実教出版（監修）

オールバンド室内アンテナの製作，2016 年 4 月，CQ 出版社（共著）

本書に付属のCD-ROMは，図書館およびそれに準ずる施設において，館外へ貸し出すことはできません．

オールバンド・パソコン電波実験室 HDSDR & SDR#　CD-ROM付き

2020 年 1 月 1 日　初版発行
2020 年 4 月 1 日　第 2 版発行

© 鈴木憲次 2020
（無断転載を禁じます）

著　者　鈴　木　憲　次
発行人　寺　前　裕　司
発行所　CQ出版株式会社

〒 112-8619　東京都文京区千石 4-29-14
電話　編集　03-5395-2123
販売　03-5395-2141

ISBN978-4-7898-4955-5
定価はカバーに表示してあります

乱丁，落丁本はお取り替えします

編集担当者　今　一義
DTP　西澤　賢一郎
印刷・製本　三晃印刷株式会社
カバー・表紙デザイン　千村　勝紀
Printed in Japan